E. Bompiani (Ed.)

Geometria proiettivo-differenziale

Lectures given at the
Centro Internazionale Matematico Estivo (C.I.M.E.),
held in Pavia, Italy,
September 25-October 5, 1955

C.I.M.E. Foundation
c/o Dipartimento di Matematica "U. Dini"
Viale Morgagni n. 67/a
50134 Firenze
Italy
cime@math.unifi.it

ISBN 978-3-642-10906-5   e-ISBN: 978-3-642-10907-2
DOI:10.1007/978-3-642-10907-2
Springer Heidelberg Dordrecht London New York

Printed on acid-free paper

Springer.com

CENTRO INTERNATIONALE MATEMATICO ESTIVO
(C.I.M.E)

Reprint of the 1st ed.- Pavia, Italy, September 25-October 5, 1955

GEOMETRIA PROIETTIVO-DIFFERENZIALE

B E N I A M I N O S E G R E

PROPRIETA' LOCALI E GLOBALI DI VARIETA' E DI
TRASFORMAZIONI DIFFERENZIABILI
CON SPECIALE RIGUARDO AI CASI ANALITICI ED ALGEBRICI

ROMA-Istituto Matematico dell'Università, 1956

PROPRIETA' LOCALI E GLOBALI DI VARIETA' E DI TRASFORMAZIONI DIFFERENZIALI CON SPECIALE RIGUARDO AI CASI ANALITICI ED ALGEBRICI

PREFAZIONE.

La presente monografia trae la sua origine dal Corso di otto lezioni da me tenuto a Pavia dal 26 Settembre al 5 ottobre 1955, nel quadro dei corsi estivi organizzati dal C.I.M.E. In essa vengon omessi gli argomenti delle ultime due lezioni, attinenti alle relazioni fra Geometria differenziale e Topologia, poichè di ciò tratto già altrove con sufficiente ampiezza[1]. Invece le altre sei lezioni ricevono qui uno sviluppo più largo ed organico, con un'esposizione che può bastare a se stessa qualora la si integri opportunamente mediante la lettura di qualcuno dei lavori indicati nella Bibliografia che chiude il volume.

Uno sguardo all'indice, potrà già bastare a dare un'idea degli argomenti trattati nella presente esposizione e delle loro mutue concatenazioni. Aggiungo soltanto che vari dei risultati ottenuti compaiono qui per la prima volta e suggeriscono sovente ricerche ulteriori, secondo quanto a volta a volta specificato nel testo e, particolarmente, nelle Notizie Storiche e Bibliografiche poste alla fine delle singole lezioni.

Beniamino SEGRE

---

(1) BENIAMINO SEGRE: Forme differenziali e loro integrali, vol.II (in corso di stampa);
Recouvrements de sphères et correspondances entre variétés topologiques.

LEZIONE PRIMA

INVARIANTI DIFFERENZIALI DI TRASFORMAZIONI PUNTUALI
E DUALISTICHE

In questa prima lezione si mostrerà come si possa determinare un sistema completo di invarianti differenziali del 1° ordine, relativi ad una coppia di elementi omologhi in una corrispondenza puntuale o dualistica fra due porzioni di spazi euclidei, la quale sia biunivoca e di classe C^1. Da tali i n v a -
r i a n t i   m e t r i c i , si dedurranno certi i n v a r i a n
t i t o p o l o g i c i relativi ai punti fissi delle corrispon
denze fra varietà sovrapposte; nonchè taluni i n v a r i a n t i
p r o i e t t i v i inerenti ad una coppia di elementi comune
a due corrispondenze dualistiche od anche a due ipersuperficie
di un iperspazio fra loro tangenti in un punto. Ad un ulteriore
approfondimento dello studio dei suddetti invarianti verranno
in parte dedicate le due Lezioni successive.

1. STUDIO LOCALE METRICO DELLE TRASFORMAZIONI PUNTUALI.

Siano E_n,E_n' due spazi euclidei orientati (reali) ad n(≥ 1)
dimensioni, e sia T una qualunque corrispondenza biunivoca di
classe C^1 fra due loro regioni. Se T muta il punto $P(x_1,x_2,\ldots,$
$,x_n)$ di E_n nel punto $P'(X_1,X_2,\ldots,X_n)$ di E_n' le equazioni di T si
esprimeranno dando le X in funzione delle x, e la relativa matrice jacobiana

$$J = \frac{\partial(X_1,X_2,\ldots,X_n)}{\partial(x_1,x_2,\ldots,x_n)}$$

avrà determinante non nullo.

Per ottenere gli invarianti differenziali del 1° ordine di
T inerenti alla coppia (P,P') osserviamo che, se un punto Q di E_n
- prossimo a P - tende a P arbitrariamente in guisa che la retta

(semiretta) PQ tenda ad una retta (semiretta) **r** uscente da P, il punto omologo Q'=T(Q) tende a P'=T(P) in modo che la retta (semiretta) P'Q' ammette una posizione limite r', d i p e n d e n t e d a r s o l t a n t o . E' ben noto, ed è di verifica immediata, che la corrispondenza in tal guisa definita fra le rette (semirette) r ed r' risulta un'o m o g r a f i a non degenere fra le stelle di centri P e P'.

Si ha inoltre che - quando Q→P - il quoziente delle lunghezze dei segmenti P' Q' e PQ ammette un limite (positivo) che d i p e n d e s o l a m e n t e d a l l a d i r e z i o n e d i r; tale numero ed il suo reciproco son detti rispettivamente il _coefficiente di dilatazione_ ed il _coefficiente di contrazione_ di T in P nella direzione di r.

Gli invarianti richiesti si deducono dallo studio del modo come tali coefficienti dipendono dalla relativa direzione. A tale scopo, sulle varie semirette di E_n uscenti da P portiamo un segmento uguale al rispettivo coefficiente di contrazione: si ha allora che l'estremo libero di questo segmento genera un iperellissoide I di centro P, detto l'_iperellissoide di deformazione_ di T inerente a P.

Si constata facilmente che (a meno di infinitesimi) I risulta simile al trasformato mediante T^{-1} di una ipersfera infinitesima di E'_n di centro P'; e che la proiettività subordinata da T nel modo anzidetto fra le stelle di centri P e P' muta due d i a m e t r i c o n i u g a t i di I in due rette di E'_n uscenti da P' fra loro o r t o g o n a l i . Esistono perciò sempre n rette per P fra loro a due a due p e r p e n d i c o l a r i che si trasformano in rette per P' ancora fra loro a due a due p e r p e n d i c o l a r i ; tali rette - dette le _rette principali_ di T uscenti da P - risultano ovviamente indeterminate se, e soltanto se, l'iperellissoide I è rotondo, e possono venir caratterizzate come quelle rette per P in cor-

rispondenza alle quali il coefficiente di **contrazione** o di dila-
·tazione ha un e s t r e m o (non però necessariamente un massimo od un minimo), onde ad un tale coefficiente si dà pure l'attri̱
buto di principale. E' chiaro che gli n coefficienti di contrazio̱
ne principali di T in P danno le l u n g h e z z e d e i s e̱
m i a s s i d i I; e sono inoltre evidenti le modifiche occor-
renti in ciò che precede nell'ipotesi che I sia rotondo.

Enti analoghi si ottengono in E_n', riferendosi alla corrispondenza T^{-1}. E' ovvio che i coefficienti di contrazione principali di T in P uguagliano i coefficienti di dilatazione principale di T^{-1} in P', e che i due n-edri principali di vertici P e P'
si corrispondono nell'omografia indotta da T fra le stelle di
semirette uscenti da P e P'; quest'ultima associa all'orientazione positiva del primo n-edro un'orientazione del secondo che
risulta p o s i t i v a o n e g a t i v a secondochè J ha
determinante p o s i t i v o o n e g̱ a t i v o . E' da rilevare che:

Una trasformazione puntuale T fra due spazi euclidei ad n
dimensioni, la quale sia invertibile e di classe C^1, ammette n e
soltanto n invarianti differenziali metrici del 1° ordine fra
loro indipendenti. Più precisamente, gli n coefficienti di contrazione principali di T sono n invarianti siffatti, ed ogni
altro invariante del 1° ordine risulta una loro funzione.

L'invarianza di quei coefficienti essendo implicita nella
loro definizione, le proprietà asserite seguono da ciò che:

Esiste fra E_n ed E_n' una ed una sola trasformazione affine,
A, approssimante la T nell'intorno del 1° ordine della coppia
(P,P'), e cioè soddisfacente alle seguenti condizioni

1°) A muta P in P' e subordina fra le stelle di semirette
di centri questi punti la stessa omografia ivi indotta da T;

2°) I coefficienti di contrazione di A e di T in P risultano fra loro uguali̱ in tutte le direzioni.

Se si introducono in E_n, E_n' coordinate cartesiane riferite
ai due n-edri principali inerenti a P,P', il che può esigere di
dover mutare l'orientazione positiva in uno dei due spazi, le
equazioni di A assumono la forma semplice

$$X_1 = c_1 x_2, \qquad X_2 = c_2 x_2, \dots, \quad X_n = c_n x_n \ ,$$

ove $c_1, c_2, \dots, c_n$ denotano gli n coefficienti di dilatazione prin
cipali. E' chiaro che l'affinità A trasforma l'iperellissoide I
di deformazione, inerente a P, nell'ipersfera di E_n' avente cen
tro P' e raggio 1; A può anzi venir precisamente c a r a t t e -
r i z z a t a da questa proprietà, assieme a quella di mutare
l'uno nell'altro i due n-edri principali relativi a P ed a P'
stabilendo fra essi e fra le loro orientazioni opportuni riferimenti.

E' poi subito visto che il prodotto degli n coefficienti di
dilatazione principali uguaglia il valor assoluto del determinante di J, e può denominarsi la _densità_ della trasformazione T
inerente alla coppia (P,P'), in quanto appare così come il rapporto dei volumi di due campi infinitesimi omologhi di E_n' e
E_n, rispettivamente contenenti P' e P.

Questo risultato è incluso nel seguente teorema, il quale
fornisce le espressioni esplicite di n invarianti differenziali
del 1° ordine di T, per ciò che precede fra loro generalmente
indipendenti.

La somma dei quadrati dei prodotti a t a t dei coefficien-
ti di dilatazione principali ($1 \leq t \leq n$), uguaglia la somma dei
quadrati degli $\binom{n}{t}^2$ minori d'ordine t estratti dalla matrice
_J._

2. _ALCUNI INVARIANTI TOPOLOGICO-DIFFERENZIALI._

Atteso il carattere locale degli sviluppi precedenti, è
subito visto com'essi possano venir estesi alle corrispondenze

puntuali fra v a r i e t à r i e m a n n i a n e . Anche per
queste potranno venir definite le rette tangenti principali, i
coefficienti di contrazione principali, ecc., ciò che suggerisce
l'introduzione e lo studio delle linee che potranno dirsi principali, ossia delle curve aventi in ogni punto come tangente
una retta principale. Senza qui insistere su ciò, rileviamo soltanto che una corrispondenza risulta conforme se, e soltanto se,
le linee principali sono t o t a l m e n t e i n d e t e r m i
n a t e . Particolare interesse avranno i casi d'i n d e t e r-
m i n a z i o n e p a r z i a l e , caratterizzabili con la proprietà che in ogni punto l'iperellissoide di deformazione risulti di r o t a z i o n e (in uno dei vari modi possibili).

Rileviamo inoltre il caso in cui (con le notazioni del n.1)
si abbia $E_n = E_n'$, n = 1, P=P', e cioè T sia una corrispondenza di
una retta in sé dodata di un p u n t o f i s s o P. In tale
ipotesi, al c o e f f i c i e n t e d i d i l a t a z i o n e
di T in P si può intrinsecamente attribuire un segno, convenendo di assumere quello col segno + o col segno – secondochè
nell'intorno di P la T è conçorde o discorde; con ciò il suddetto coefficiente risulta in ogni caso uguale al valore della
derivata $\frac{dX}{dx}$ calcolata in P, dove x ed X denotino le coordinate
di due punti corrispondenti delle rette sovrapposte E_1, E_1' in
u n o s t e s s o sistema di riferimento. E' subito visto che
tale espressione non muta se si cambia c o m u n q u e   il
sistema di coordinate, ponendo quindi in luogo di x una qualunque
funzione della medesima x di classe C^1, a derivata non nulla in
P, ed in luogo di X la s t e s s a   funzione della medesima
X; risultato, questo, che manifestamente sussiste non soltanto
nel campo reale, ma altresì nel campo complesso. L'anzidetto
coefficiente di dilatazione ha quindi significato topologico differenziale, in quanto dipende soltanto da T e da P, e non dalla

scelta di una coordinata interna sopra E_1.

Questo permette di sostituire in ciò che precede ad E_1 una curva qualsiasi, che si può pensare dedotta da E_1 mediante una trasformazione di classe C^1. Il risultato si estende poi ulteriormente al caso di n qualsiasi, nel modo che ora passiamo ad indicare.

Sia P un punto semplice di una varietà V_n, che supponiamo differenziabile (o complessa) in un intorno di P, e denotiamo con S_n lo spazio proiettivo reale (o complesso) t a n g e n - t e in P a V_n. Consideriamo una corrispondenza T di V_n in sè, che ammetta P come punto fisso e che, in un intorno di P, risulti invertibile e differenziabile (o analitica). Nella stella ∞^{n-1} delle rette tangenti in P a V_n, ossia delle rette reali (o complesse) di S_n passanti per P, la T definisce intrinsecamente in modo noto (n.1) un'omografia non degenere - che chiameremo l'omografia tangente a T in P - dotata generalmente di n r e t t e u n i t e   distinte. I coefficienti di dilatazione di T nelle singole direzioni di queste rette forniscono allora n numeri (generalmente complessi), i quali risultano degli <u>invarianti topologico-differenziali</u> di T in P; li chiameremo semplicemente i <u>coefficienti di dilatazione di T</u> in P, e vedremo più tardi (n.3) come a ciascuno di essi possa venir attribuito il significato geometrico di un certo b i r a p p o r t o .

Ne consegue che, per calcolare i suaccennati invarianti, si possono introdurre in V_n coordinate permissibili qualsiansi: se T trasforma il punto $(x_1, x_2, \ldots, x_n)$ nel punto $(X_1, X_2, \ldots, X_n)$ e J denota la matrice jacobiana delle X rispetto alle x calcolate nel punto P, <u>i suddetti birapporti non sono altro che le radici caratteristiche della matrice J</u>. Il loro p r o d o t t o , vale dunque precisamente il d e t e r m i n a n t e   di J, il quale è pertanto altresì un invariante topologico-differenziale di T in P, ciò che d'altronde si verifica direttamente in modo immediato.

Più generalmente, siano V_n e V'_n due varietà differenziabili (o complesse), fra cui si abbiano due corrispondenze differenziabili (o analitiche) T_1 e T_2, le quali risultino entrambe invertibili nell'intorno di una loro coppia di punti omologhi comune (P,P'). Allora si può applicare ciò che precede alla trasformazione $T=T_1.T_2^{-1}$; la quale muta V_n in sé lasciando fisso P; e questo fornisce <u>n invarianti topologico-differenziali di T_1 e T_2 relativi alla coppia comune (P,P')</u>; Avuto riguardo a quanto sopra ed al n.1, si ha tosto in particolare che:

<u>Il rapporto delle densità di T_1 e di T_2 inerenti alla coppia (P,P'), costituisce un invariante topologico-differenziale a questa relativo</u> (uguale alla densità della T nel suo punto fisso P).

3. <u>COSTRUZIONE PROIETTIVA DEI SUDDETTI INVARIANTI.</u>

Allo scopo di giungere rapidamente ai risultati di cui si è fatto cenno nel n.2, consideriamo uno spazio proiettivo (reale o complesso) S_{2n-1}, di dimensione d i s p a r i   2n-1. Tre S_{n-1} subordinati di questo che siano fra loro a due a due sghembi risultano privi di invarianti proiettivi: si ha tosto infatti che, con opportuna scelta delle coordinate omogenee di punto $(x_1,x_2,\ldots,x_n,X_1,X_2,\ldots,X_n)$ in S_{2n-1}, le equazioni di tali S_{n-1} possono sempre ridursi alla forma:

$$S^{(1)}_{n-1} : x_1 = x_2 = \cdots = x_n = 0 \,; \quad S^{(2)}_{n-1} : X_1 = X_2 = \cdots = X_n = 0 \,;$$
$$S^{(3)}_{n-1} : x_1 = X_1, \ldots, x_n = X_n \,;$$

rimane anzi ancora lecito di mutare le coordinate in guisa da conservare queste equazioni il che - com'è subito visto - si ottiene nel modo più generale operando una medesima sostituzione lineare invertibile sulle x e sulle X del tutto arbitraria.

Vi sono ∞^{n-1} rette appoggiate ai tre S_{n-1}, il luogo delle quali è la V_n^n di C.Segre di equazioni

$$\varrho x_i = u_i \qquad , \qquad \varrho X_i = \lambda u_i \qquad (i = 1, 2, \ldots, n),$$

ove ϱ è il solito fattore di proporzionalità delle coordinate, le u sono n parametri omogenei che hanno rapporti costanti lungo una di quelle rette, e λ è un parametro non omogeneo che ha il significato di b i r a p p o r t o del punto di V_n^n dópo i tre punti d'appoggio coi tre dati S_{n-1} della retta per quello ad essi incidenti (tali punti d'appoggio ottenendosi rispettivamente per $\lambda = \infty, 0, 1$).

Consideriamo ora in S_{2n-1} un quarto spazio subordinato, $S_{n-1}^{(4)}$, che non si appoggi né ad $S_{n-1}^{(1)}$ né ad $S_{n-1}^{(2)}$: le sue equazioni possono scriversi nella forma

$$X_i = \sum_{j=1}^{n} a_{ij} x_j \, ,$$

ove la matrice A della a_{ij} ha determinante diverso da zero. Un tale $S_{n-1}^{(n)}$ - se è generico - incontra la suddetta V_n^n in n punti distinti: ed è chiaro che <u>i valori assunti dal parametro λ in tali punti non sono altro che le radici caratteristiche della matrice A.</u> Disponendo dell'arbitrarietà che v'è ancora nella scelta delle coordinate, ed estendendo se occorre S_{2n-1} al campo complesso, le equazioni di $S_{n-1}^{(4)}$ possono in generale venir ridotte alla forma

$$X_i = a_i x_i \qquad (i = 1, 2, \ldots, n),$$

le a_i essendo le suddette radici caratteristiche. Abbiamo dunque che:

Quattro S_{n-1} di S_{2n-1} ammettono generalmente n invarianti proiettivi indipendenti e non di più. Come tali, possono assumersi i birapporti delle quaterne di punti segati dai quattro S_{n-1} sulle n rette di S_{2n-1} ad essi incidenti.

Ciò premesso, riferiamoci alle due corrispondenze T_1 e T_2 di cui al penultimo capoverso del n.2. Sulla varietà $W_{2n} = V_n \times V_n'$ esse si rappresentano con due varietà n-dimensionali, $M_n^{(1)}$ ed $M_n^{(2)}$, passanti entrambi semplicemente per il punto $0 = P \times P'$, ed ivi non aventi nessuna tangente in comune né fra loro né con la varietà $L_n^{(1)} = V_n \times P'$, né con la $L_n^{(2)} = P \times U_n'$. Siano ordinatamente

$$S_{2n-1}^{(1)} \, , \quad S_{n-1}^{(1)} \, , \quad S_{n-1}^{(2)} , S_{n-1}^{(3)} \, , \, S_{n-1}^{(4)}$$

gli spazi tangenti in 0 alle varietà

$$(*) \qquad W_{2n} \, , \quad L_n^{(1)} \, , \quad L_n^{(2)} \, , \quad M_n^{(1)} \, , \quad M_n^{(2)} \; :$$

essi si trovano nelle condizioni volute per le precedenti deduzioni, sicchè definiscono nel modo indicato n invarianti p r o-
i e t t i v i . Poichè tali spazi vengono soltanto a subire una trasformazione o m o g r a f i c a   quando si assoggetti arbitrariamente W_{2n} (ossia separatamente V_n e V_n') ad una trasfor_mazione differenziale (od analitica), così gli invarianti ottenuti rimangono di fatto inalterati di fronte a siffatte trasfor_mazioni, ciò che esprimiamo precisamente dicendo ch'essi sono degli invarianti topologico-differenziali.

Non v'è ora difficoltà a riconoscere la coincidenza fra questi invarianti e quelli considerati verso la fine del n.2. Quelli introdotti al principio di tale numero col nome di c o ef
f i c i e n t i   d i   d i l a t a z i o n e   d i   T   i n
u n   p u n t o   f i s s o , P, non sono che loro casi partico-

lari, da essi ottenibili con l'assumere V'_n sovrapposta a V' e T_2
coincidente con la trasformazione identica di questa varietà
in sè.

Rileviamo da ultimo che i risultati precedenti si applica -
no a due varietà $M_n^{(1)}$, $M_n^{(2)}$ segantisi in un punto O ed immerse
in uno W_{2n}, che abbia come particolarità - d'altronde caratteristica per l'argomento in questione - quella di <u>contenere due</u>
<u>sistemi ∞^n di varietà $H_n^{(1)}$ ed $H_n^{(2)}$ mutuamente unisecantisi.</u>
Tali sono infatti sulla $W_{2n}=V_n \times V'_n$ dianzi considerata i sistemi
descritti dalle

$$H_n^{(1)} = V_n \times Q' \qquad H_n^{(2)} = Q \times V'_n ,$$

ove Q e Q' siano punti variabili arbitrariamente rispettivamente
su V_n e V'_n. Viceversa, se una W_{2n} contiene due sistemi siffatti
ed inoltre due varietà $M_n^{(1)}$, $M_n^{(2)}$ passanti in modo generico per
un punto O, si può definire su $M_n^{(1)}$ la corrispondenza Θ che muta un punto R di $M_n^{(1)}$ in un punto R' della stessa $M_n^{(1)}$ quando
la $H_n^{(1)}$ per R e la $H_n^{(2)}$ per R' si segano in un punto di $M_n^{(2)}$. La
Θ ammette allora O come punto fisso; e gli n coefficienti di
dilatazione di Θ in O non differiscono dagli n invarianti ottenibili nel modo dianzi specificato a partire dalle ($*$), quando
si assumano come varietà $L_n^{(1)}$ ed $L_n^{(2)}$ rispettivamente le $H_n^{(1)}$ ed
$H_n^{(2)}$ uscenti da O.

4. <u>STUDIO LOCALE METRICO DELLE TRASFORMAZIONI DUALISTICHE.</u>

Sia Θ una trasformazione di classe C^1, che muti i punti
$P(x_1,x_2,\ldots,x_n)$ (d'una regione) di un E_n euclideo (reale) in iper
piani π , d'equazione $u_1 X_1 + u_2 X_2 + \ldots + u_n X_n + u_{n+1} = 0$ di un altro
E'_n euclideo ($n \geq 2$). Allora le u si esprimeranno come funzioni
non tutte nulle di classe C^1 delle x, manifestamente alterabili
per un comune fattore, dato da un'arbitraria funzione, non nulla
delle x, di classe C^1. Ciò permetterebbe di ridurre p.es. all'u-

unità una non nulla delle u, quindi di porre solto forma un po'
più semplice – ma meno simmetrica – taluno degli sviluppi analitici che seguono; e lasciamo al Lettore di esplicitare le diverse formulazioni così ottenibili.

Consideriamo la matrice quadrata d'ordine n+1 Δ, che si
ricava orlando la matrice jacobiana $\dfrac{\partial(u_1, u_2, \ldots u_n)}{\partial(x_1, x_2, \ldots, x_n)}$ con
la riga

$$\frac{\partial u_{n+1}}{\partial x_1} \quad , \quad \frac{\partial u_{n+1}}{\partial x_2} \quad , \ldots , \quad \frac{\partial u_{n+1}}{\partial x_n} \quad , \quad u_{n+1}$$

e la colonna

$$u_1, u_2, \ldots, u_n, u_{n+1} ,$$

e poniamo inoltre per abbreviare

$$\omega = \sqrt{u_1^2 + u_2^2 + \cdots + u_n^2}$$

Riferiamoci quindi ad una coppia di elementi (P, π') – omologhi in Θ – per i quali né ω né detΔ si annulli, il che val
quanto supporre che l'iperpiano π sia p r o p r i o e la
corrispondenza Θ risulti b i u n i v o c a nell'intorno di
detta coppia.

Se un punto Q di E_n, prossimo a P, tende a P arbitrariamen
te in guisa che la retta P Q tenda ad una retta r, l'iperpiano
χ omologo di Q tende a π in modo che lo spazio ad n-2 dimensio
ni intersezione di π e χ ammette una posizione limite ς ,
d i p e n d e n t e s o l t a n t o d a r. La corrisponden
za che così si ottiene fra le rette r di S_n uscenti da P e gli
spazi ς massimi subordinati di π risulta p r o i e t t i v a
e non degenere (in virtù della biunivocità di Θ); questa corrispondenza può poi venir opportunamente completata stabilendo,
con ovvio criterio, un r i f e r i m e n t o b i u n i v o c o
f r a l e o r i e n t a z i o n i di due elementi r e ς

omologhi qualsiansi.

Si ha inoltre che il quoziente fra l'angolo infinitesimo $\pi\chi$ (misurato in radianti) e la lunghezza del segmento P Q , quando Q $\longrightarrow$ P, ammette un limite (non negativo) che d i p e n d e s o l a m e n t e   d a l l a   d i r e z i o n e   d i   r; tale numero ed il suo reciproco diconsi rispettivamente il coefficiente di dilatazione ed il coefficiente di contrazione di Θ in P nella direzione di r.

Allo scopo di determinare invarianti differenziali del 1° ordine della corrispondenza dualistica Θ relativi alla coppia (P, π), procediamo in modo analogo a quello tenuto nel n.1 per le trasformazioni puntuali. All'uopo portiamo sulle varie semi-rette di E_n uscenti da P, ed a partire da questo punto, un segmento di lunghezza uguale al relativo coefficiente di contrazione, l'estremo variabile di tale segmento viene così a generare un i p e r c i l i n d r o   e l l i t t i c o , Γ , semplice-mente specializzato. L'a s s e a di questo ciclindro dicesì la direttrice di Θ relativa al punto P; esso è precisamente la retta passante per Γ che, nella proiettività indotta da Θ fra π e la stella di centro P, corrisponde all'iperpiano all'in-finito di π . L'iperpiano α di E_n perpendicolare alla a in P incontra Γ secondo un i p e r e l l i s s o i d e , $\mathfrak{J}$, avente per centro P; e sia A il p u n t o (proprio) di π che corrisponde ad α nella suddetta proiettività.

E' facile assodare che tale proiettività muta due qualunque rette per P c o n i u g a t e rispetto a Γ in due spazi ad n-2 dimensioni di π fra loro o r t o g o n a l i. Esistono quindi sempre in α n-1 rette $r_1, r_2, \ldots, r_{n-1}$ uscenti da P e fra loro a due a due p e r p e n d i c o l a r i, alle quali cor-rispondono in π n-1 spazi ρ_1 , ρ_2 , $\ldots$, ρ_{n-1}, ad n-2 dimensio-ni passanti per A e fra loro pure a due a due p e r p e n d i-c o l a r i; tali rette, che diconsi le rette principali rela-

tive a P, possono anche venir caratterizzate in base alla proprietà che, in corrispondenza ad esse, il coefficiente di contra
zione o dilatazione ha un e s t r e m o finito e non nullo
(non però necessariamente un massimo od un minimo), ed ai relativi coefficienti si dà pure l'attributo di __principale__.

Se l'iperellissoide $\mathfrak{I}$ suddetto è ad assi disuguali vi è
u n a s o l a (n-1)-p l a d i r e t t e p r i n c i p a
l i uscenti da P, data dai suoi assi e costituente – insieme
alla d i r e t t r i c e a – quelle che denominasi l'__n-edro
principale__ relativo a P; e le lunghezze $1:c_1$, $1:c_2,\ldots,1:c_{n-1}$
dei semiassi di $\mathfrak{I}$ sono manifestamente uguali agli __n-1 coefficienti di contrazione principali__ di Θ in P (sicchè i loro re-
ciproci $c_1,c_2,\ldots,c_{n-1}$ coincidono precisamente coi coefficienti
di dilatazione principali). E' poi chiaro quali modifiche oc-
corrano in ciò che precede nell'ipotesi che $\mathfrak{I}$ risulti rotondo.

Pure in E_n' si ha un __n-edro principale__, invariantivamente
legato a π , il quale è completamente ortogonale ed ha per
vertice A, le sue facce essendo π e gli n-1 iperpiani a questo
perpendicolari lungo i singoli spazi $\mathcal{P}_1$, $\mathcal{P}_2,\ldots,\mathcal{P}_{n-1}$.

Usando per brevità il linguaggio infinitesimale, possiamo
inoltre dire che un punto Q di E_n infinitamente prossimo a P
l u n g o l a a vien trasformato da Θ in un iperpiano χ
di E_n', infinitamente vicino e p a r a l l e l o a π : il
rapporto fra la distanza $\pi\chi$ e la distanza PQ è un i n v a –
r i a n t e , c, che dicesi l'__indice di allungamento__ di Θ in P,
mentre il suo reciproco 1:c chiamasi l'__indice di restringimento__
di Θ in P. Si ha che:

__Una trasformazione dualistica__ Θ __fra due spazi euclidei
ad n dimensioni, la quale sia biunivoca e di classe__ C^1, __ammette
n   i n v a r i a n t i   d i f f e r e n z i a l i   m e t r i c i
d e l   1° o r d i n e, dati dall'indice di allungamento c e
dagli n-1 coefficienti di dilatazione principali__ $c_1,c_2,\ldots,c_{n-1}$

<u>della</u> Θ . <u>Questi n invarianti sono generalmente fra loro</u>
<u>indipendenti, mentre ogni altro invariante differenziale metrico</u>
<u>del 1° ordine risulta necessariamente una loro funzione.</u>

Per stabilire questi risultati, è opportuno d'introdurre
in E_n l'iperquadrica iperboloidica non rigata Λ , detta l'<u>iper</u>-
<u>quadrica di deformazione</u> di Θ inerente a P, definita dalle se-
guenti condizioni.

1°) Λ ha per centro P e per assi gli n spigoli dell'n-edro
principale di Θ relativo a P;

2°) Λ sega la direttrice a (che è l'unico suo asse tra-
verso) nei due punti che hanno da P distanza 1:c;

3°) Λ sega l'iperpiano $\propto$ nell'iperellissoide (a punti
immaginari) c o n i u g a t o ad I.

I risultati enunciati seguono allora da ciò che:

<u>Esiste **u n a** e d **u n a** s o l a reciprocità fra E_n ed</u>
<u>E'_n che a p p r o s s i m a la Θ nell'intorno del 1° ordine</u>
<u>della coppia (P, π), e che muta l'iperpiano improprio di E_n</u>
<u>nella direzione di E'_n perpendicolare a π ; essa trasforma</u>
<u>l'iperquadrica Λ di deformazione relativa a P nell'ipersfera</u>
<u>di S'_n avente centro A e raggio 1.</u>

La reciprocità in questione oltre a soddisfare a quest'ultima condizione, viene naturalmente a mutare P in π , $r_1, r_2, \ldots$
$\ldots, r_{n-1}$ in ρ_1 , ρ_2 , $\ldots$, ρ_{n-1} , ed $\underline{a}$ nello spazio all'infinito
di π . Viceversa, queste condizioni e la suddetta, completa-
te con quella di indurre opportuni orientamenti fra gli elementi omologhi considerati, individuano pienamente tale reciprocità. Le equazioni di questa riduconsi alla forma semplice:

$$u_1 : u_2 : \cdots : u_n \quad u_{n+1} = c_1 x_1 : c_2 x_2 : \cdots : c_{n-1} x_{n-1} : 1 : c\, x_n ,$$

(dove i coefficienti hanno precisamente i significato dianzi
specificati), quando si riferiscono E_n ed E'_n agli n-edri princi-

pali relativi a P ed a π , assumendo la direttrice a come asse x_n e l'iperpiano π come faccia $X_n=0$.

5. CALCOLO DEGLI INVARIANTI DIFFERENZIALI DEL PRIMO ORDINE.

Per ciò che concerne la determinazione analitica degli
elementi precedentemente introdotti relativi ad una Θ definita nel modo indicato al principio del n.4, valgono i seguenti
risultati. Denotiamo con D il valore assoluto del determinante
della matrice $\triangle$, e con D_i il complemento algebrico dell'elemento $\frac{\partial u_{n+1}}{\partial x_i}$ in tale determinante (i = 1,2,...,n). Allora i
coseni direttori α_i della direttrice a si calcolano mediante
le

$$\alpha_i = \frac{D_i}{\sqrt{D_1^2 + D_2^2 + \cdots + D_n^2}} \qquad (i=1,2,\ldots,n),$$

e l'indice c di allungamento è dato da

$$c = \frac{D}{\omega \sqrt{D_1^2 + D_2^2 + \cdots + D_n^2}}$$

Consideriamo inoltre la matrice ad n+2 righe ed n+1 colon-
ne che si ricava orlando la matrice jacobiana $\frac{\partial(u_1, u_2, \ldots, u_n)}{\partial(x_1, x_2, \ldots, x_n)}$
con le righe:

$$\frac{\partial \omega}{\partial x_1}, \quad \frac{\partial \omega}{\partial x_2}, \quad \ldots, \quad \frac{\partial \omega}{\partial x_n}, \quad \omega$$

$$\alpha_1, \quad \alpha_2, \quad \ldots, \quad \alpha_n, \quad 0$$

e con la colonna formata dagli elementi

$$u_1, u_2, \ldots, u_n \quad \omega, 0 .$$

Si ha allora che la somma dei prodotti a t-1 a t-1 dei quadrati
degli n-1 coefficienti di dilatazione principali (2 $\leqslant$ t $\leqslant$ n),

si ottiene dividendo per ω^{2t} la somma dei quadrati degli $\binom{n}{t-1} \cdot \binom{n}{t}$ minori d'ordine t+1 estratti dalla suddetta matrice e contenenti come subordinata la matrice $\left\| \begin{matrix} \omega \\ 0 \end{matrix} \right\|$.

In particolare, per t = n, da qui si deduce che il prodotto degli n-1 coefficienti di dilatazione principali vale

$$ c_1 c_2 \cdots c_{n-1} = \frac{\sqrt{D_1^2 + D_2^2 + \cdots + D_n^2}}{\omega^n} $$

Pertanto il prodotto d dell'indice   di   allungamento e degli n-1 coefficienti di dilatazione è dato da

$$ d = D \,/\, \omega^{n+1} $$

Questo invariante differenziale chiamasi la densità della corrispondenza $\odot$ nella coppia (P, π), in quanto esso - a norma di ciò che precede - dà una misura locale dell'addensarsi attorno a π degli iperpiani dello spazio E_n' corrispondenti mediante $\odot$ ai punti di E_n prossimi a P.

Un altro semplice s i g n i f i c a t o   g e o m e t r i c o   della suddetta densità d, si ottiene nel modo seguente. Si fissi in E_n' un q u a l u n q u e   punto proprio, O, e, per ogni iperpiano π di E_n' (che provenga mediante $\odot$ da un punto P di E_n), si consideri il piede P' della perpendicolare su esso abbassata da O, oppure il polo P" di tale iperpiano rispetto all'ipersfera di centro O e raggio 1 (talchè P' e P" vengono a corrispondersi nell'inversione rispetto a quest'ipersfera). Assunto (com'è lecito) il punto O nell'origine degli assi $(X_1, X_2, \ldots, X_n)$, le coordinate X_i' ed X_i'' di P' e P" valgono:

$$ X_i' = -\frac{u_i\, u_{n+1}}{\omega^2} \quad , \qquad X_i'' = -\frac{u_i}{u_{n+1}} \qquad (i = 1, 2, \ldots, n) $$

Avuto anche riguardo al n.1, da qui si trae che:

La densità d della corrispondenza dualistica Θ si ottiene dividendo per $\overline{OP''}^{n-1}$ la densità della corrispondenza
puntuale che intercede fra P e P'; od anche dividendo per
$\overline{OP''}^{n+1}$ la densità della corrispondenza puntuale che intercede
fra P e P". Tali quozienti risultano perciò indipendenti dalla
scelta del punto O.

6. ALCUNE TRASFORMAZIONI PARTICOLARI. RELAZIONI FRA DENSITA'.

Ove si volesse approfondire lo studio delle trasformazio-
ni dualistiche Θ :$P \to \pi$, fra due spazi euclidei E_n, E'_n, sarebbe opportuno far intervenire le linee direttrici e le linee
principali, ossia quelle curve di E_n aventi come tangente in
ogni loro punto P rispettivamente la retta direttrice od una
delle n-1 rette principali di Θ relative a P. Si potrebbero
quindi studiare Θ per le quali una o più delle congruenze
formate da tali linee risultino o r t o g o n a l i, ecc.

Particolare interesse offrono - per $n \geqslant 3$ - quelle Θ
che in ogni punto hanno gli n-1 coefficienti di dilatazione u-
guali fra loro, il che val quanto dire che per esse l'i p e r -
q u a d r i c a   d i   d e f o r m a z i o n e in ogni punto
deve risultare di   r o t a z i o n e   a t t o r n o   a l l a
r e l a t i v a   d i r e t t r i c e . Tali trasformazioni
dualistiche appaiono in certa guisa analoghe alle trasformazioni   c o n f o r m i , in forza del primo capoverso del n.2, ed
anche tenuto conto della seguente loro   p r o p r i e t à   c a -
r a t t e r i s t i c a , che facilmente si desume dalle equazioni finali del n.4.

Se P e π sono un punto di E_n ed un iperpiano di E'_n che
si corrispondono in una Θ del tipo suddetto, a due direzioni
qualsiansi di E_n uscenti da P e non parallele alla relativa direttrice restano associati su π due spazi propri (n-2)-dimensio-
nali, il cui angolo risulta uguale all'angolo compreso fra i due

<u>piani proiettanti dalla direttrice le due dimezioni considerate.</u>

Senza approfondire qui ulteriormente le molteplici questio
ni suggerite da ciò che precede, ci proponiamo ora di trasportare
al caso attuale - per quanto possibile - le considerazioni svol-
te per le trasformazioni puntuali alla fine del n.2. All'uopo ci
riferiamo a due trasformazioni dualistiche Θ_1 , Θ_2 trasfor-
manti i punti di E_n negli iperpiani di E_n', ed aventi in comune
una coppia (P, π). Allora $T = \Theta_1 \cdot \Theta_2^{-1}$ è una trasformazione
puntuale di E_n in sé che ammette P come punto fisso, e che quin-
di (n.2) è generalmente dotata di n c o e f f i c i e n t i   d i
d i l a t a z i o n e   relativi a P; ciascuno di questi - essen
do un invariante topologico - differenziale di T in P - risulta
un <u>invariante differenziale</u> di Θ_1 e Θ_2 inerente alla coppia
(P, π), che non muta se si assoggettano E_n ad una trasformazio
ne differenziabile ed E_n' ad una trasformazione omografica arbitrariamente scelte. Avrebbe interesse d'indagare in quali casi
tali invarianti possono venir espressi mediante i coefficienti
di dilatazione principali e gli indici di allungamento di Θ_1 e
di Θ_2 in P (a prescindere dalle posizioni mutue dei vari n-edri principali). Un risultato parziale in proposito si ha osser
vando che:

<u>La densità di T in P uguaglia il rapporto delle densità</u>
<u>di Θ_1 e Θ_2 inerenti alla coppia (P, π).</u>

Per dimostrarlo, possiamo rappresentare Θ_1 nel modo indicato per Θ al principio del n.4; è inoltre lecito assumere P
come punto $x_1=x_2= \ldots = x_n = 0$ e π come iperpiano $u_1=\ldots u_{n-1}=$
$=u_{n+1}=0$ (onde per π si ha $\omega = \pm u_n$), e sostituire a Θ_2 la
relativa reciprocità approssimante, rappresentata dalle equazio-
ni che si deducono da quelle date alla fine del n.4 col sostitui
re a c, $c_1,c_2,\ldots,c_{n-1}$ le analoghe quantità c', c_1', $c_2',\ldots,c_{n-1}'$ relative a Θ_2 . Allora la trasformazione puntuale $T=\Theta_1 \cdot \Theta_2^{-1}$
ha le equazioni

$$X_1 = \frac{u_{\cdot 1}(x)}{c'_{\cdot} \, u_{n}(x)} \quad , \quad \cdots \quad , \quad X_m = \frac{u_{m-1}(x)}{c'_{m-1} \, u_{n}(x)} \quad , \quad X_n = \frac{u_{n+1}(x)}{c' \, u_{n}(x)} \; .$$

Basta quindi calcolare il determinante jacobiano delle X rispetto alle x nel punto P, e ricordare i nn.1,5, per ottenere l'asserto. Da qui si deduce immediatamente che:

Il rapporto delle densità di due trasformazioni dualistiche in una loro coppia comune risulta un loro invariante proiettivo.

7.CURVATURA DI IPERSUPERFICIE E DI FORME PFAFFIANE.

Una forma pfaffiana

$$\theta = a_1(x)\,dx_1 + a_2(x)\,dx_2 + \cdots + a_n(x)\,dx_n$$

definisce intrinsecamente nell'E_n delle variabili x una corrispondenza dualistica Θ , e precisamente quella che associa al punto P(x) l'iperpiano π di equazione

$$a_1(x)\left(X_1 - x_1\right) + a_2(x)\left(X_2 - x_2\right) + \cdots + a_n(x)\left(X_n - x_n\right) = 0$$

La d e n s i t à di Θ nella coppia (P, π) è un invariante metrico di ω , che può denominarsi la curvatura di Θ nel punto P. Essa infatti in base al n.5, nel caso particolare in cui Θ sia integrabile e cioè della forma

$$\theta = g(x)\,d f(x)$$

riducesi alla curvatura totale k in P dell'ipersuperficie integrale f(x)=cost. che passa per P; ciò si ottiene con facile calcolo, tenendo conto che k vien dato dalla formula nota:

$$K = -\left(f_1^2 + f_2^2 + \cdots + f_n^2\right)^{-\frac{n+1}{2}}
\begin{vmatrix}
0 & f_1 & f_2 & \cdots & f_n \\
f_1 & f_{11} & f_{12} & \cdots & f_{1n} \\
f_2 & f_{21} & f_{22} & \cdots & f_{2n} \\
\cdot & \cdot & \cdot & & \cdot \\
f_n & f_{n1} & f_{n2} & \cdots & f_{nn}
\end{vmatrix} ,$$

nella quale gli indici in basso denotano derivazioni.

Consideriamo in secondo luogo una qualunque i p e r s u -
p e r f i c i e   a l g e b r i c a   F   di E_n, d'ordine $r \geqq 2$.
Essa definisce intrinsecamente una corrispondenza dualistica,
$\odot$, trasformante ogni punto P di E_n nell'iperpiano polare
di P rispetto ad F. La densità di $\odot$ nella coppia (P, π) è
allora un <u>invariante metrico</u> di F in P. Quando P cade in un
p u n t o   s e m p l i c e   d i   F, l'iperpiano π è quello
che tocca F in P; ed è subito visto - in virtù dell'ultima formula e del n.5 - che

A meno del fattore numerico 1-r, <u>l'invariante suddetto</u>
<u>viene allora a coincidere con la curvatura totale di F in P.</u>

Combinando questo risultato col penultimo teorema del n.6,
si ottiene tosto che:

<u>Se due ipersuperficie algebriche di E_n si toccano in un</u>
<u>loro punto semplice P, il rapporto delle relative curvature in</u>
<u>P risulta un loro invariante proiettivo. A meno di un fattore</u>
<u>numerico (dipendente soltanto dagli ordini delle due ipersuper-</u>
<u>ficie), tale invariante uguaglia la densità in P della corrispon</u>
<u>denza che associa due punti di E_n quando ammettono uno stesso</u>
<u>iperpiano polare rispetto alle due date ipersuperficie.</u>

La prima parte di questo enunciato si trasporta subito al
caso in cui le due ipersuperficie ivi considerate n o n siano
algebriche. Basta all'uopo osservare che il rapporto delle loro
curvature in P uguaglia quelle inerente a due quadriche che
rispettivamente le osculino in P; sicchè dall'invarianza proiet-

tiva del secondo rapporto segue subito quella del primo. Tale
rapporto chiamasi l'invariante di MEHMKE-SEGRE generalizzato. Ad
esso si perviene altresì - assieme a nuovi invarianti - nel modo
specificato dal seguente teorema , che pure si stabilisce agevol
mente poggiando sull'ultima formula e sui nn.5,6.

Date in E_n due ipersuperficie F,F' che si tocchino in un
loro punto semplice P, si fissino genericamente un punto O ed un
iperpiano E_{n-1} di E_n, e si consideri la corrispondenza che associa due punti Q, Q' di F,F' quando i relativi iperpiani tangenti
formano fascio con E_{n-1}. Tale corrispondenza muta P in sè stesso,
e si proietta quindi da O su E_{n-1} secondo una trasformazione
puntuale T, di E_{n-1} in sé avente la traccia P_0 di O P in E_{n-1}
come punto fisso. Ebbene, la densità di T in P_0 non dipende
dal modo di scegliere il punto O e l'iperpiano E_{n-1}, ed uguaglia
precisamente il rapporto delle curvature di F ed F' in P. Più
in generale, ciascuno degli n-1 invarianti topologici di T
nel punto fisso P_0 (nn.2,3) costituisce un invariante proiettivo
differenziale di contatto di F ed F' in   P, dipendente soltanto
dai relativi intorni del 2° ordine.

NOTIZIE STORICHE E BIBLIOGRAFICHE.

Il contenuto dei nn.1,2,4,5,6 è tratto essenzialmente da
B.SEGRE [64] , a prescindere dalla penultima proposizione del
n.6 - che qui appare per la prima volta - e dall'ultima proposizione dello stesso numero, che già trovasi (stabilita meno semplicemente) in TERRACINI [94]. Anche gli sviluppi del n.3 figurano qui in extenso per la prima volta; ma alcuni loro casi particolari erano già impliciti in B.SEGRE [65], e gli enunciati
di talune delle proprietà ivi stabilite compaiono in B.SEGRE [71].

La densità di una corrispondenza dualistica fra due spazi
euclidei di dimensione n è stata introdotta algoritmicamente da

TRICOMI $[97,98]$ che ne ha fatto varie applicazioni. Fra l'altro per n=2, essa è stata posta da questo Autore in relazione colle nozioni probabilistiche di densità relative a sistemi di punti o di rette di un piano, per le quali cfr. BLASCHKE $[3]$; sempre per il caso n=2, cfr. altresì TERRACINI $[96]$.

A TERRACINI $[94]$ risale una prima interpretazione geometrica dell'anzidetta densità (meno immediata di quelle che qui risultano dal n.5), ed a lui pure si debbono i molteplici legami – di cui al n.7 – fra tale densità e la nozione di curvatura; per la proposizione finale del n.7, cfr. B.SEGRE $[66]$. Avremo poi (nella Lezione terza) occasione di ritornare da altri punti di vista sull'invariante di MEHMKE-SEGRE; relativamente ad esso, cfr. MEHMKE $[52,53]$, C.SEGRE $[64]$, BOMPIANI $[5,6]$, B.SEGRE $[58]$, MASCALCHI $[51]$ ed anche TERRACINI $[96]$, ove vengon fatte applicazioni del suddetto invariante alla teoria dei sistemi lineari. Per alcune applicazioni di ciò che precede alla teoria delle congruenze di rette, cfr. TERRACINI $[95]$, e B.SEGRE $[66]$, nonchè il n.21 e le Notizie che seguono il n.25.

LEZIONE SECONDA

PROPRIETA' LOCALI RELATIVE AI PUNTI FISSI DELLE TRASFORMAZIONI ANALITICHE

Tratteremo qui di certe proprietà locali relative ai punti fissi delle trasformazioni analitiche di una varietà complessa in sè ed alla classificazione a cui essi danno luogo. Talune di quelle potrebbero anche senza difficoltà venir trasferite allo studio locale dei punti fissi delle trasformazioni differenziabili di una varietà differenziabile in sè; ma non ci soffermeremo ora su ciò.

8. COEFFICIENTI DI DILATAZIONE E RESIDUI DELLE TRASFORMAZIONI NEL CAMPO ANALITICO.

Sia V_n una qualunque v a r i e t à   c o m p l e s s a , di dimensione (complessa) $n \geq 1$, e sia T una t r a s f o r m a z i o n e   a n a l i t i c a (uniforme) di V_n in sè dotata di un p u n t o f i s s o , O (semplice per V_n). Supporremo la T i n- v e r t i b i l e n e l l ' i n t o r n o d i O, il che val quanto ammettere che l'omografia Π tangente in O a V_n (n.2) abbia ad essere n o n d e g e n e r e .

Introduciamo nell'intorno di O su V_n un qualunque sistema di coordinate interne permissibili (complesse), che non sarà restrittivo supporre t u t t e n u l l e i n O, e denotiamo con $(z_1, z_2, \ldots, z_n)$ ed $(w_1, w_2, \ldots, w_n)$ le coordinate di due punti di tale intorno che si corrispondono in T. Allora le equazioni di T potranno scriversi nella forma

$$(1) \qquad w_h = (c_{h1} z_1 + c_{h2} z_2 + \cdots + c_{hn} z_n) + \cdots \qquad (h = 1, 2, \ldots, n),$$

dove i secondi membri sono serie di potenze nelle z (a coefficienti complessi), di cui si son scritti soltanto i termini
di grado più basso, tali che la matrice γ delle c_{ij} àbbia
determinante $C \neq 0$. Con le notazioni attuali, le equazioni
dell'omografia tangente π possono venir scritte nella forma

$$(2) \qquad \rho\, w_h = c_{h1} z_1 + c_{h2} z_2 + \cdots + c_{hn} z_n \qquad (h = 1, 2, \ldots, n),$$

dove le z,w appaiono ora come c o o r d i n a t e   o m o g e -
n e e di retta nella stella ∞^{n-1} delle rette (complesse) tangenti in O a V_n.

Gli n c o e f f i c i e n t i d i d i l a t a z i o n e
di T in O non sono altro che le radici caratteristiche della
matrice γ (n.2), ed ad essi può attribuirsi il significato di
b i r a p p o r t i nel modo specificato dal n.3. In forza
delle (2), i mutui _rapporti_ di quelli porgono gli _invarianti_
assoluti di π ; a tali rapporti può quindi venir assegnato una
più semplice e diretta interpretazione geometrica mediante birapporti, nel modo ben noto che fa così soltanto intervenire
l'omografia π (cfr.BERTINI $\begin{bmatrix} 2 \end{bmatrix}$, pp.80-81.

Denoteremo con λ_1 , λ_2 ,..., λ_n i suddetti coefficienti di dilatazione (ossia le radici caratteristiche di γ): essi
sono n numeri complessi tutti diversi da zero, ma non necessariamente distinti fra loro. Notiamo che l'essere ciascuno di
questi numeri distinto dall'unità, traduce la condizione necessaria e sufficiente affinchè O risulti un punto unito _sempre iso_
lato di T; è infatti subito visto che, sul prodotto $V_n \times V_n$, le
varietà rappresentative di T e della trasformazione identica risultano fra loro t a n g e n t i nel punto $O \times O$ se, e soltanto
se, $\lambda = 1$ è una radice caratteristica di γ .

Quando O risulta punto semplice isolato di T, è dunque
lecito considerare il numero complesso

$$\omega = \sum_{h=1}^{n} \frac{1}{1 - \lambda_h}$$

Questo è allora un invariante topologico-differenziale di T in
0, che denomineremo (per un motivo che apparirà dal seguito)
il residuo della corrispondenza T nel punto 0.

Per calcolarlo, poniamo

$$\mu = \frac{1}{1 - \lambda} \qquad , \text{ ossia} \qquad \lambda = \frac{\mu - 1}{\mu}$$

nell'equazione caratteristica di γ :

(3)
$$f(\lambda) = \det\left[c_{h\kappa} - \lambda \delta_{h\kappa} \right] = 0$$

ove $\delta_{h\kappa}$ valga 0 od 1 secondochè h$\neq$k   o h=k. Perveniamo così
all'equazione algebrica in μ :

$$\mu^{n} f(\lambda) = \mu^{n} f\left(\frac{\mu - 1}{\mu}\right) = \det\left[\mu\left(c_{h\kappa} - \delta_{h\kappa}\right) + \delta_{h\kappa}\right] = 0$$

e la somma delle radici di questa fornisce l'uguaglianza

$$\omega = - \frac{P_1 + P_2 + \cdots + P_n}{P}$$

dove P designi il determinante d'ordine n:

$$P = \det\left[c_{h\kappa} - \delta_{h\kappa}\right] ,$$

e $P_1, P_2, \ldots, P_n$ denotino i suoi minori principali d'ordine n-1.

9. PASSAGGIO ALLE VARIETA' DI RIEMANN.

Conservando le notazioni del n.8, possiamo associare a
V_n la relativa v a r i e t à   d i   R i e m a n n : questa è una
varietà analitica   r e a l e   di dimensione reale 2n, la quale
può venir estesa al campo complesso, dando così luogo ad una
varietà complessa V_{2n}^{*}, di dimensione (complessa) 2n. La considerazione di quest'ultima equivale al passaggio su V_n dal campo

complesso al c a m p o   b i c o m p l e s s o   (per la teoria
delle funzioni olomorfe di variabile bicomplessa, cfr.
SCORZA DRAGONI $[56]$).

L'imagine di T su V_{2n}^{*} è una c o r r i s p o n d e n z a
a n a l i t i c a, T^{*}, di V_{2n}^{*} in sè, la quale possiede un
p u n t o   f i s s o   nell'imagine O^{*} di O. Dimostreremo che:

<u>I 2n coefficienti di dilatazione di T^{*} in O^{*} son dati
dagli n coefficienti di dilatazione di T in O e dagli n numeri ad
essi rispettivamente complesso-coniugati.</u>

A tal scopo, scindendo il reale dall'imaginario, poniamo:

$$c_{hk} = a_{hk} + i\, b_{hk} \quad , \qquad z_h = x_h + i\, y_h \, , \qquad w_h = u_h + i\, v_h'$$

Con ciò, dalle (1) deduciamo le equazioni di T^{*} nella forma

$$\begin{cases} u_h = \left(a_{h1} x_1 + \cdots + a_{hn} x_n \right) - \left(b_{h1} y_1 + \cdots + b_{hn} y_n \right) + \cdots \\ v_h = \left(b_{h1} x_1 + \cdots + b_{hn} x_n \right) + \left(a_{h1} y_1 + \cdots + a_{hn} y_n \right) + \cdots \end{cases} \quad (h = 1, 2, \ldots, n)$$

Dette quindi α e β le matrici delle a e delle b, la matrice
γ^{*} analoga a γ, ossia la matrice jacobiana delle u,v rispetto
alle x,y calcolata nel punto O^{*}, risulta una matrice di VOIGT
(ad elementi reali):

$$\gamma^{*} = \left\| \begin{matrix} \alpha & -\beta \\ \beta & \alpha \end{matrix} \right\|$$

Se ora denotiamo con $f^{*}(\lambda)$ il determinante della matrice che
da questa si deduce sottraendo λ dai termini principali, sussiste l'identità

$$(4) \qquad\qquad f^{*}(\lambda) = f(\lambda) \cdot \bar{f}(\lambda) \, ,$$

ove $f(\lambda)$ sia il polinomio in λ dato dalla (3) ed $\bar{f}(\lambda)$ desi-

gni il complesso- coniugato di questa. La (4) sussiste invero
quando vi si ponga per λ un arbitrario numero r e a l e , in
base ad un teorema di DRUDE $[26]$ (per il quale cfr. altresì
AGOSTINELLI $[1]$). Ne discende allora che la (4) deve altresì valere nel campo complesso, ciò che chiaramente implica l'asserto,
in quanto i coefficienti di dilatazione di T^* in O^* son dati per
costruzione dalle radici del polinomio $f^*(\lambda)$.

Dal teorema testé dimostrato segue senz'altro che l'inverti_
bilità di T nell'intorno di O implica l'invertibilità di T^* nel-
l'intorno di O^* ; e che O^* risulta un punto semplice isolàto di
T^* se, e soltanto se, della stessa proprietà gode O nei confronti di T. In quest'ultima ipotesi, poggiando anche sul n.8 e
con notazioni evidenti, per il résiduo di T^* in O^* si ottiene
l'espressione:

$$\omega^* = \sum \frac{1}{1-\lambda^*} = \sum \frac{1}{1-\lambda} + \sum \frac{1}{1-\bar{\lambda}} = \omega + \bar{\omega} \ .$$

Pertanto:

Il residuo di T^* in O^* risulta sempre reale e vale precisamente il doppio della parte reale del residuo di T in O.

10. CAMBIAMENTI FORMALI DI COORDINATE.

Un'importante problema – di cui passiamo ora ad occuparci –
è quello di vedere come possano venir semplificate le equazioni
(1) di T, mediante opportuna scelta delle coordinate nell'intorno
di O. Il più generale cambiamento delle coordinate ammissibili
conservante a O coordinate tutte nulle, si traduce in una arbitraria trasformazione analitica su di esse che muti in sè la
n-pla $(0,0,\dots,0)$ e che in questa abbia jacobiano non nullo; ed è
chiaro che, nelle (1), dovrà venir operata l a s t e s s a
trasformazione sia sulle z che sulle w.

Così, ad esempio, operando sulle coordinate una conveniente sostituzione lineare omogenea, si potrà semplificare la parte lineare delle equazioni (1), riducendo a forma canonica le equazioni (2) dell'omografia tangente π (cfr.p.es. BERTINI [2] , pp.100-102). Noi limiteremo quasi tutte le considerazioni successive al caso in cui l'omografia tangente risulti g e n e r a l e (e cioè dotata di n elementi uniti indipendenti). In tale ipotesi, che nel seguito - salvo esplicito avviso in contrario - sempre sottintenderemo, con un cambiamento di coordinate del tipo suddetto potremo ridurre le equazioni di T alla forma seguente:

$$(5) \quad \begin{cases} u = a\,x + a_{ij\ldots\ell}\,x^{i}y^{j}\ldots z^{\ell} \\ v = b\,y + b_{ij\ldots\ell}\,x^{i}y^{j}\ldots z^{\ell} \\ w = c\,z + c_{ij\ldots\ell}\,x^{i}y^{j}\ldots z^{\ell}. \end{cases}$$

Nelle (5), le $(x,y,\ldots,z)$, $(u,v,\ldots,w)$ sono le nuove coordinate di due punti omologhi; e le altre lettere designano numeri complessi soddisfacenti all'avvia condizione che l e s e r i e d i p o t e n z e che figurano nei secondi membri - nei quali sono sottintese le somme rispetto ai vari indici (interi non negativi) variabili in modo che risulti

$$(6) \qquad i + j + \ldots + \ell \geq 2$$

- c o n v e r g a n o i n u n i n t o r n o n-d i m e n s i o n a l e d e l p u n t o O. In particolare, gli n coefficienti a,b,...,c non sono altro che i c o e f f i c i e n t i d i d i l a t a z i o n e di T in O, onde nessuno di essi può risultare nullo.

In generale, nessuno di questi coefficienti potrà venir scritto nella forma

$$a^i \, b^j \, \dots \, c^\ell \,,$$

ove $i, j, \dots, \ell$ denotino ancora n interi non negativi soddisfacenti alla (6). Invero, in caso contrario, fra i numeri complessi a, b,...,c, ed altresì fra i loro moduli, verrebbero ad intercedere particolari legami di natura aritmetica. Diremo pertanto che T è in O _aritmeticamente particolare o generale_, secondochè sussistono o non sussistono legami siffatti; nel primo caso si potrà considerare l'_indice di particolarizzazione_, così denotando il n u m e r o dei legami distinti del tipo suddetto.

E' chiaro che le (5) si mutano in equazioni dello stesso tipo quando in luogo delle coordinate $(x, y, \dots, z)$ si assumano le

$$(7) \quad \begin{cases} X = x + \alpha_{ij\dots\ell} \, x^i \, y^j \dots z^\ell \\ Y = y + \beta_{ij\dots\ell} \, x^i \, y^j \dots z^\ell \\ \;\vdots \quad\quad\vdots \\ Z = z + \gamma_{ij\dots\ell} \, x^i \, y^j \dots z^\ell \,, \end{cases}$$

il che naturalmente esige che nello stesso tempo in luogo delle $(u, v, \dots, w)$ si debbano considerare le:

$$(8) \quad \begin{cases} U = u + \alpha_{ij\dots\ell} \, u^i \, v^j \dots w^\ell \\ V = v + \beta_{ij\dots\ell} \, u^i \, v^j \dots w^\ell \\ \;\vdots \quad\quad\vdots \\ W = w + \gamma_{ij\dots\ell} \, u^i \, v^j \dots w^\ell \,, \end{cases}$$

ove gli indici $i, j, \dots, \ell$ siano ancora numeri non negativi soddisfacenti alla (6), ed i vari α, β,..., γ siano numeri complessi assegnati. Questi numeri dovranno soddisfare a restrizioni piuttosto esigenti, se si vuole che le (7) si possano considerare come rappresentanti un e f f e t t i v o cambiamento di coordinate: ciò infatti richiede che ciascuna delle serie di potenze figuranti nei secondi membri delle (7) converga in un

intorno n-dimensionale del punto O, il che verrà espresso brevemente dicendo che le (7) risultano <u>convergenti</u>. Se però tali condizioni non sono soddisfatte, avrà ancora senso di considerare i secondi membri delle (7), (8) come s e r i e d i
p o t e n z e f o r m a l i ; e dalle (5), (7), (8) mediante
l'eliminazione delle (x,y,...,z), (u,v,...,w), si trarranno
univocamente equazioni del tipo

$$(9) \quad \begin{cases} U = a\,X + A_{ij\ldots\ell}\,X'\,y'\cdots Z^{\ell} \\ V = b\,Y + B_{i_j\ldots\ell}\,X'\,y'\cdots Z^{\ell} \\ W = c\,Z + C_{i_j\ldots\ell}\,X'\,y'\cdots Z^{\ell}, \end{cases}$$

i cui secondi membri saranno naturalmente ancora serie di poten
ze formali. Diremo in tal caso che le (9) si ottengono dalle
(5) a t t o r n o a d O, mediante il c a m b i a m e n t o
f o r m a l e d i c o o r d i n a t e (7).

11. <u>RIDUZIONE FORMALE A FORMA CANONICA PER LE TRASFORMAZIONI</u>
       <u>ARITMETICAMENTE GENERALI.</u>

Ci proponiamo di dimostrare il seguente teorema.

<u>Se la trasformazione T è rappresentata nell'intorno di O</u>
<u>dalle (5) ed è in O aritmeticamente generale, assegnate c o m u n</u>
<u>q u e le</u> $A_{ij\ldots\ell}$, $B_{ij\ldots\ell}$,...., $C_{ij\ldots\ell}$ <u>esiste u n   e d</u>
<u>u n   s o l o cambiamento formale di coordinate del tipo</u>
<u>(7) che fornisce le (9) come equazioni (formali) di T attorno</u>
<u>ad O.</u>

Ciò val quanto dire che si debbono poter determinare in
uno ed un sol modo le $\alpha_{ij\ldots\ell}$, $\beta_{ij\ldots\ell}$,...., $\gamma_{ij\ldots\ell}$,i
in guisa che le due seguenti operazioni - successivamente appli-
cate - forniscano alla fine delle identità formali nelle
(x,y,...,z). Anzitutto si esprimeranno nelle (9) le (X,Y,...,Z),

(U,V,...,W) mediante le (7),(8), il che senz'altro porge:

$$(10)\begin{cases} u + \alpha_{ij\ldots\ell}\, u^i v^j \ldots w^\ell = a\left(x + \alpha_{ij\ldots\ell}\, x^i y^j \ldots z^\ell\right) + \\ \qquad + A_{pq\ldots z}\left(x + \alpha_{ij\ldots\ell}\, x^i y^j \ldots z^\ell\right)^r\left(y + \beta_{ij\ldots\ell}\, x^i y^j \ldots z^\ell\right)^q \ldots \left(z + \gamma_{ij\ldots\ell}\, x^i y^j \ldots z^\ell\right)^z \\[4pt] v + \beta_{ij\ldots\ell}\, u^i v^j \ldots w^\ell = b\left(y + \beta_{ij\ldots\ell}\, x^i y^j \ldots z^\ell\right) + \\ \qquad + B_{pq\ldots z}\left(x + \alpha_{ij\ldots\ell}\, x^i y^j \ldots z^\ell\right)^r\left(y + \beta_{ij\ldots\ell}\, x^i y^j \ldots z^\ell\right)^q \ldots \left(z + \gamma_{ij\ldots\ell}\, x^i y^j \ldots z^\ell\right)^z \\[4pt] \quad\cdots\cdots\cdots\cdots\cdots\cdots\cdots\cdots\cdots\cdots \\[4pt] w + \gamma_{ij\ldots\ell}\, u^i v^j \ldots w^\ell = c\left(z + \gamma_{ij\ldots\ell}\, x^i y^j \ldots z^\ell\right) + \\ \qquad + C_{pq\ldots z}\left(x + \alpha_{ij\ldots\ell}\, x^i y^j \ldots z^\ell\right)^r\left(y + \beta_{ij\ldots\ell}\, x^i y^j \ldots z^\ell\right)^q \ldots \left(z + \gamma_{ij\ldots\ell}\, x^i y^j \ldots z^\ell\right) \end{cases}$$

in secondo luogo si sostituiranno qui alle (u,v,...,w) le espres
sioni (5): e si tratterà di soddisfare alle condizioni che da
queste ultime equazioni si ottengono identificando i coefficien
ti dei termini simili nei due membri.

Ora in base alle (10), (5), tenuto anche conto della (6),
si vede subito che i termini lineari non forniscono alcuna
condizione; e che - posto $k = i+j+\ldots+\ell \;(\geqslant 2)$ - i termini in
$x^i y^j \ldots z^\ell$ dànno così luogo a condizioni del tipo:

$$(11)\begin{cases} \left(a - a^i b^j \ldots c^\ell\right)\alpha_{ij\ldots\ell} = P_{ij\ldots\ell} \\[4pt] \left(b - a^i b^j \ldots c^\ell\right)\beta_{ij\ldots\ell} = Q_{ij\ldots\ell} \\[4pt] \left(c - a^i b^j \ldots c^\ell\right)\gamma_{ij\ldots\ell} = R_{ij\ldots\ell}\,, \end{cases}$$

dove $P_{ij\ldots\ell}$, $Q_{ij\ldots\ell}$,...., $R_{ij\ldots\ell}$ sono ben determinati polinomi nelle quantità $a,b,\ldots,c$, nelle $a_{pq\ldots r}, b_{pq\ldots r},\ldots, c_{pq\ldots r}$,
$A_{pq\ldots r}, B_{pq\ldots r},\ldots, C_{pq\ldots r}$ a v e n t i/p e s o $p+q+\ldots+r \leqslant k$,
ed inoltre (se $k > 2$) nelle $\alpha_{pq\ldots r}, \beta_{pq\ldots r},\ldots, \gamma_{pq\ldots r}$
d i   p e s o   i n f e r i o r e   a k. Notiamo inoltre che
i termini di tali polinomi che non dipendono dalle A,B,...,C
hanno per coefficienti degli interi p o s i t i v i e contengono le $\alpha, \beta,\ldots,\gamma$ a g r a d o   n o n   s u p e r i o r e
a l   p r i m o.

Poichè, per ipotesi, ciascuna delle espressioni entro parentesi nei primi membri delle (11) risulta diversa da zero, così – dando a k successivamente i valori 2,3,4,... – dalle (11) si ottengono in modo ricorrente e senza ambiguità tutte le α , β ,..., γ di peso 2,3,4,... . E ciò dimostra l'asserto.

Dal teorema precedente, ove si assumano tutte nulle le A,B,...,C, risulta in particolare che:

Ogni trasformazione analitica T che in un punto fisso O abbia i coefficienti di dilatazione (a,b,...,c) e sia ivi aritmeticamente generale, può con opportuno cambiamento formale di coordinate attorno ad O venir formalmente rappresentata con le equazioni lineari:

$$(12) \qquad u = a\,X, \qquad V = b\,y, \quad \ldots, \quad W = c\,Z .$$

Le (12), però non costituiscono naturalmente una rappresentazione effettiva della T, se non nel caso in cui le (7) risultino convergenti quando i coefficienti α , β ,..., γ vi si determinano col procedimento testè indicato. Queste sono precisamente le condizioni necessarie e sufficienti per l'effettiva riducibilità delle equazioni di T a forma lineare, in quanto è subito visto che non si altera la questione se si moltiplicano le coordinate per costanti arbitrarie tutte diverse da zero.

Non si ha invece nessuna condizione di convergenza, se nei secondi membri delle (7) ci si limita ai termini per cui risulti

$$(13) \qquad\qquad i + j + \ldots + \ell \leq k,$$

dove k sia un intero ≥ 2 comunque fissato, nel qual caso tali secondi membri riduconsi a/polinomi di grado $\leq$ k. L'argomentazione precedente, limitata alle equazioni (11) per cui valga la (13), mostra che:

Sempre che T sia aritmeticamente generale in O, con opportuna trasformazione a l g e b r i c a (di grado $\leq$ k, k essendo un qualunque intero $\geq$ 2 prefissato) è possibile ridurre le
equazioni di T nell'intorno di O alla forma (9), dove i coefficienti A,B,...,C di peso $\leq$ k abbiano valori comunque assegnati.

Poichè k è arbitrariamente grande, ne discende cho:

I s o l i   invarianti topologico-differenziali di una
trasformazione analitica in un suo punto fisso, ov'essa sia
aritmeticamente generale, sono quelli del 1° ordine e cioè i
coefficienti di dilatazione.

12. CASO DELLE TRASFORMAZIONI ARITMETICAMENTE PARTICOLARI.

La questione della trasformabilità formale delle equazioni di T ad una data forma ridotta, può anche venir trattata
nell'ipotesi che T sia a r i t m e t i c a m e n t e p a r t i-
c o l a r e in O, potendosi all'uopo ripetere - con opportune
ed essenziali varianti - le argomentazioni del n.11.

Attualmente per una qualche scelta degli interi non negativi i,j,...,ℓ soddisfacenti alla (6), taluna delle espressioni entro parentesi nelle equazioni (11) si annulla.   Supponiamo, per fissare le idee, che sia nulla l'espressione relativa
alla prima di tali equazioni. Allora quest'equazione si sempli-
fica riducendosi alla

$$(14) \qquad P_{ij...\ell} = 0;$$

sicchè - nel procedimento ricorrente del n.11 - vi sono due casi
da distinguere, secondochè la (14) risulta soddisfatta o meno.
Mentre nel primo caso il procedimento stesso lascia indetermina-

to il valore di $\alpha_{ij\ldots\ell}$, nel secondo caso il procedimento diventa impossibile. Pertanto, _se T ha indice di particolarizzazione unitario (n.10), la riduzione formale delle (5) a date equazioni (9) mediante un cambiamento formale di coordinate del tipo (7), risulta realizzabile in infiniti modi oppure impossibile._

In base al n.11, vediamo inoltre che $P_{ij\ldots\ell}$ contiene $A_{ij\ldots\ell}$ linearmente e con coefficiente $- 1$. E' quindi certamente possibile di soddisfare alla (14), se si lascia libera la scelta di $A_{ij\ldots\ell}$. Si conclude che:

Come equazioni formalmente ridotte di una corrispondenza analitica attorno ad un punto fisso O in cui essa sia aritmeticamente particolare di indice qualsiasi, possono venir assunte le equazioni (9), ove nei secondi membri le $A_{ij\ldots\ell}$, $B_{ij\ldots\ell}$, ..., $C_{ij\ldots\ell}$ _si suppongano tutte nulle, tranne al più quelle (in numero uguale all'indice di particolarizzazione) in corrispondenza alle quali rispettivamente si abbia_

$$a^i b^j \cdots c^\ell = a, \quad a^i b^j \cdots c^\ell = b, \quad \ldots, \quad a^i b^j \cdots c^\ell = c .$$

Un dato coefficiente non nullo siffatto A, o B,...., o C potrà ovviamente venir ridotto all'unità, col moltiplicare le nuove coordinate locali su V_n per opportuni fattori costanti non nulli; e si potrà anzi disporre di tali fattori, in modo da ridurre simultaneamente all'unità un certo numero fra i suddetti coefficienti. Gli eventuali coefficienti non nulli rimanenti, forniranno allora tutti e soli gli _invarianti topologico differenziali_ di T in O indipendenti dai coefficienti di dilatazione.

13. <u>CRITERI DI CONVERGENZA PER IL PROCEDIMENTO DI RIDUZIONE NEL CASO GENERALE.</u>

Si è visto nel n.11, come l'effettiva riducibilità delle (5) alla forma lineare (12) equivalga alla c o n v e r g e n z a

d e l l e (7), ove i coefficienti α, β ,..., γ si ottengono
dalle equazioni (11)   dedotte nel modo ivi indicato dalle (10)
nell'ipotesi che si assumano tutte le A,B,..., C uguali allo zero; indicheremo con (7_0),(11_0)le equazioni a cui così rispettivamente riduconsi le (7),(11).

In questo numero e nei due che seguono assegneremo svariate condizioni s u f f i c i e n t i   p e r   q u e l l a r a p
p r e s e n t a b i l i t à l i n e a r e , ossia per la suddetta
convergenza; inoltre nel n.15 e nel n.16 daremo invece e s e m -
p i abbastanza generali in cui tale convergenza n o n ha luogo. Da tutto ciò seguirà fra l'altro chiaramente l'importanza
essenziale delle p r o p r i e t à a r i t m e t i c h e dei
coefficienti di dilatazione per il problema in questione.

Stabiliremo dapprima il seguente teorema:

Una trasformazione analitica T di una V_n in sé avente un
punto fisso O con coefficienti di dilatazione (a,b,...,c), può
- con opportuna scelta delle coordinate nell'intorno di O - venir
rappresentata mediante equazioni lineari riducibili alla forma
semplice (12) , se tali coefficienti soddisfanno alle seguenti
condizioni. 1^a).-Ciascuno di essi è in valor assoluto i n f e -
r i o r e all'unità. 2^a).-T sia aritmeticamente generale in O,
 e cioè (n. 10) per ogni scelta degli interi non negativi
i,j,...,ℓ soddisfacenti alla

(15) $$i + j +... + \ell = k \geqslant 2,$$

nessuna delle espressioni

(16) $$a - a^i b^j \cdots c^\ell \, , \quad b - a^i b^j \cdots c^\ell \, , \ldots, \quad c - a^i b^j \cdots c^\ell$$

si annulli.

In virtù della condizione 1^a), posto

$$\rho = \max(|a|, |b|, \ldots, |c|)$$

risulta

$$\rho < 1$$

Di più, quando $k \to \infty$ si ha che $a^i b^j \ldots c^\ell \to 0$. Pertanto, in forza dalla condizione 2^a) e poichè nessuna delle a,b,...,c si annulla, le varie espressioni (16) risultano in valore assoluto non i n f e r i o r i ad un'opportuna quantità reale positiva, σ , la quale soddisfa manifestamente alla:

$$\rho \geq \sigma$$

Se dunque per abbreviare poniamo

$$(17) \qquad \theta = 1 - \rho \ , \quad \tau = \rho/\sigma \ ,$$

ne consegue che

$$(18) \qquad \theta > 0 \ , \quad \tau \geq 1$$

Semplificheremo un po' la scrittura di alcuna delle formule successive, indicando rispettivamente con p e con q le somme x+y+...+z ed u+v+...+w. Consideriamo quindi la trasformazione analitica (anzi razionale) T', definita in termini finiti dalle equazioni

$$(19) \qquad u = \rho x + H , \quad v = \rho y + H , \ \ldots , \quad w = \rho z + H$$

ove assumiamo

$$(20) \qquad H = \frac{\rho \theta \mu^2}{\tau (1 - \theta \mu)}$$

Sviluppando H in serie di potenze di p=x+y+...+z e sostituendo nelle (19), otteniamo per T' le equazioni

$$(5') \begin{cases} u = \rho x + a'_{i,j\ldots\ell}\, x^i y^j \ldots z^\ell \\ v = \rho y + b'_{i,j\ldots\ell}\, x^i y^j \ldots z^\ell \\ \vdots \\ w = \rho z + c'_{i,j\ldots\ell}\, x^i y^j \ldots z^\ell \end{cases}$$

[analoghe alle (5)] , dove i coefficienti $a'_{ij\ldots\ell}$, $b'_{ij\ldots\ell}$,...., $c'_{ij\ldots\ell}$ sono costanti r e a l i   p o s i t i v e, relativamente alle quali ci basta osservare che è:

$$a'_{i,j\ldots\ell} = b'_{i,j\ldots\ell} = \cdots = c'_{i,j\ldots\ell} \geq \rho\,\theta^{K-1}/n \ .$$

Assunte le equazioni di T nella forma (5), dalla convergenza di queste segue che esistono costanti reali positive $\varphi, \varkappa$ per le quali - comunque si scelgano gli indici i,j,...,ℓ soddisfacenti alle (15) - risulta:

$$|a_{i,j\ldots\ell}| \leq \varkappa\,\varphi^{-K} \ , \ |b_{i,j\ldots\ell}| \leq \varkappa\,\varphi^{-K}, \ldots, |c_{i,j\ldots\ell}| \leq \varkappa\,\varphi^{-K}.$$

Posto per abbreviare

$$\min\left(1, \frac{\rho\,\varphi}{n\,\varkappa}\right) = \lambda\,(>0),$$

per ogni intero $k \geq 2$ si ha

$$\lambda^{K-1} \leq \frac{\rho\,\varphi}{n\,\varkappa} \ .$$

Ne consegue che:

$$|a_{i,j\ldots\ell}\,(\lambda\theta\varphi)^{K-1}| \leq \varkappa\,\varphi^{-K}(\lambda\theta\varphi)^{K-1} = \varkappa\,\lambda^{K-1}\theta^{K-1}\varphi^{-1} \leq$$

$$\leq \rho\,\theta^{K-1}/n \leq a'_{i,j\ldots\ell} \ ;$$

e, del pari,

$$|b_{i,j\ldots\ell}\,(\lambda\theta\varphi)^{K-1}| \leq b'_{i,j\ldots\ell}, \ldots, |c_{i,j\ldots\ell}\,(\lambda\theta\varphi)^{K-1}| \leq c'_{i,j\ldots\ell}$$

Se dunque alteriamo le coordinate x,y,...,z per il fatto-
re $(\lambda \Theta \varphi)^{-1}$, il che naturalmente esige che in pari tempo si debbano alterare le u,v,...,w per lo stesso fattore, le (5) si mu-
tano in serie analoghe, le quali appaiono rispettivamente m i -
n o r a n t i rispetto a quelle che figurano nelle equazioni
(5') scritte nelle n o u v e coordinate. Per non complicare
inutilmente le notazioni, possiamo quindi addirittura ammettere
che le (5) stesse siano minoranti rispetto alle (5'), e cioè
che, oltre alle

(21) $|a| \leq \rho$, $|b| \leq \rho$, $\cdot \cdot \cdot$, $|c| \leq \rho$

[conseguenze immediate della definizione di ρ] , valgano le:

(22) $|a_{ij\ldots\ell}| \leq a'_{ij\ldots\ell}$, $|b_{ij\ldots\ell}| \leq b'_{ij\ldots\ell}$, $\cdot \cdot \cdot$, $|c_{ij\ldots\ell}| \leq c'_{ij\ldots\ell}$

Ciò premesso, osserviamo che le (5') - e cioè le (19) -
si riducono di fatto alla forma canonica

$$U = \rho X , \quad V = \rho Y , \quad \cdot \cdot \cdot , \quad W = \rho Z ,$$

mediante il cambiamento di coordinate:

(23) $X = x + \dfrac{r^2}{n(1-r)}$, $Y = y + \dfrac{r^2}{n(1-r)}$, $\ldots$, $Z = z + \dfrac{r^2}{n(1-r)}$,

il quale naturalmente implica che in pari tempo si assuma:

(24) $U = u + \dfrac{q^2}{n(1-q)}$, $V = v + \dfrac{q^2}{n(1-q)}$, $\ldots$, $W = w + \dfrac{q^2}{n(1-q)}$.

Invero, dalle (19), (20) si deduce

$$q = u+v+ \ldots + w = \varrho(x+y+ \ldots +z) + nH = \varrho r + \varrho \theta r^2/(1-\theta r) = \varrho r/(1-\theta r)$$

sicchè le (23), (24), tenuto anche conto delle (19),(20) e della prima delle (17), forniscono:

$$U = u + \frac{q^2}{n(1-q)} = \varrho x + \frac{\varrho \theta r^2}{n(1-\theta r)} + \frac{\varrho^2 r^2}{n(1-\theta r)(1-\theta r \cdot \varrho r)} =$$

$$= \varrho x + \frac{\varrho \theta r^2}{n(1-\theta r)} + \frac{\varrho^2 r^2}{n(1-\theta r)(1-r)} = \varrho x + \frac{\varrho r^2}{n(1-r)} =$$

$$= \varrho X$$

e, del pari,

$$V = \varrho Y, \ldots , W = \varrho Z.$$

Sviluppando i secondi membri delle (23) in serie di potenze di $p=x+y+\ldots+z$, veniamo a trasformare le (23) stesse nelle

$$(7') \quad \begin{cases} X = x + \alpha'_{i,j,\ldots,\ell} \, x^i y^j \cdots z^\ell \\ Y = y + \beta'_{i,j,\ldots,\ell} \, x^i y^j \cdots z^\ell \\ \cdot \quad \cdot \quad \cdot \quad \cdot \quad \cdot \quad \cdot \quad \cdot \\ Z = z + \gamma'_{i,j,\ldots,\ell} \, x^i y^j \cdots z^\ell \end{cases}$$

[analoghe alle (7)] , dove i coefficienti α', β' ,..., γ' sono costanti r e a l i p o s i t i v e , che non ci occorre altrimenti specificare. Osserviamo solamente al loro riguardo che:

1°) le (7') r i s u l t a n o c o n v e r g e n t i per costruzione;

2°) i suddetti coefficienti soddisfanno alle condizioni

$$(\wp - \wp^{\kappa})\alpha'_{ij\ldots \ell}= P'_{ij\ldots \ell} \ , \ (\wp - \wp^{\kappa})\beta'_{ij\ldots \ell}=Q'_{ij\ldots \ell}, \cdots, (\wp - \wp^{\kappa})\gamma'_{ij\ldots \ell}=R'_{ij\ldots \ell},$$

analoghe alle (11_o), con ovvio significato per i secondi membri.

Mostreremo che, comunque si scelgano gli interi non negativi $i,j,\ldots,\ell$ soddisfacenti alla (15), risulta:

$$(25) \quad |\alpha_{ij\ldots \ell}| < \tau^{\kappa-1}\alpha'_{ij\ldots \ell} \ , \ |\beta_{ij\ldots \ell}| < \tau^{\kappa-1}\beta'_{ij\ldots \ell} \ , \cdots, |\gamma_{ij\ldots \ell}| < \tau^{\kappa-1}\gamma'_{ij\ldots \ell}$$

Allora dalla convergenza delle $(7')$ seguirà tosto la convergenza delle (7_o), e quindi l'asserto. Stabiliremo ora le (25), procedendo per induzione rispetto al peso k dei primi membri.

Anzitutto, se k=2, si vede subito dal n.11 che le prime equazioni (11_o), $(11'_o)$ non sono altro che:

$$(a - a^i b^j \cdots c^\ell)\alpha_{ij\ldots \ell} \ , \quad (\wp - \wp^{\kappa})\alpha'_{ij\ldots \ell} = a'_{ij\ldots \ell}$$

Avuto riguardo alla definizione di σ ed alle (22), (17), ne discende che

$$\sigma |\alpha_{ij\ldots \ell}| \leq |(a - a^i b^j \cdots c^\ell)| = | a_{ij\ldots \ell}| \leq a'_{ij\ldots \ell} =$$

$$= (\wp - \wp^{\kappa})\alpha'_{ij\ldots \ell} < \wp \, \alpha'_{ij\ldots \ell} \ ,$$

e quindi

$$| \alpha_{ij\ldots \ell}| < \frac{\wp}{\sigma} \alpha'_{ij\ldots \ell} = \tau \, \alpha'_{ij\ldots \ell}$$

e parimenti si stabiliscono le rimanenti disuguaglianze (25) nell'ipotesi attuake.

Supponiamo in secondo luogo $k > 2$, ed ammettiamo la validità delle relazioni analoghe alle (25) per ciascuno dei coefficienti di peso $2,3,\ldots,k-1$. Avuto riguardo a ciò che si è detto nel n.11 relativamente ai polinomi $P,Q,\ldots,R$, e tenuto pure conto delle (21), (22) e della seconda equazione (18), ne conseguono le

$$\left| P_{ij\ldots\ell} \right| \leq \tau^{k-2} P'_{ij\ldots\ell} \,,\; \left| Q_{ij\ldots\ell} \right| \leq \tau^{k-2} Q'_{ij\ldots\ell}\,,\ldots,\left| R_{ij\ldots\ell} \right| \leq \tau^{k-2} R'_{ij\ldots\ell}.$$

Dalle prime equazioni (11_o), $(11'_o)$ in base anche alla definizione di σ , si trae quindi:

$$\sigma \left| x_{ij\ldots\ell} \right| \leq \left| (a - a^i b^j \cdots c^\ell)\alpha_{ij\ldots\ell} \right| = \left| P_{ij\ldots\ell} \right| \leq$$
$$\leq \tau^{k-2} P'_{ij\ldots\ell} = \tau^{k-2}(\varrho - \varrho^k)\alpha'_{ij\ldots\ell} < \tau^{k-2}\varrho\,\alpha'_{ij\ldots\ell}$$

sicchè si ha:

$$\left| \alpha_{ij\ldots\ell} \right| < \tau^{k-2} \frac{\varrho}{\sigma} \alpha'_{ij\ldots\ell} = \tau^{k-1}\alpha'_{ij\ldots\ell}\,,$$

ossia la prima delle (25). In simil guisa si stabiliscono le rimanenti disuguaglianze (25), il che completa la dimostrazione del teorema.

E' chiaro che, se T nell'intorno di O è (invertibile e) rappresentabile con e q u a z i o n i   l i n e a r i, lo stesso accade di T^{-1}, e viceversa. Basta pertanto applicare alla T^{-1} il teorema dianzi stabilito per dedurre un altro teorema consimile in cui la condizione 2^a rimane inalterata ed in luogo della 1^a) si ponga la:

I^{a}) Ciascuno dei coefficienti di dilatazione di T in O sia in valor assoluto m a g g i o r e dell'unità.

14. ITERAZIONE E PERMUTABILITA' DI TRASFORMAZIONI ANALITICHE.

Consideriamo ora una trasformazione analitica T, per la quale conserviamo le notazioni e le ipotesi del n. 10, sicchè T potrà supporsi definita dalle (5). I t e r a n d o la T un numero m($\geq$ 1) di volte otteniamo una trasformazione analitica T^{m}, rappresentata da equazioni del tipo:

$$(5^{m}) \quad \begin{cases} u = a^{m} x + a^{(m)}_{ij\ldots\ell} x^{i} y^{j} \ldots z^{\ell} \\ v = b^{m} y + b^{(m)}_{ij\ldots\ell} x^{i} y^{j} \ldots z^{\ell} \\ \cdot \quad \cdot \quad \cdot \quad \cdot \quad \cdot \quad \cdot \quad \cdot \quad \cdot \quad \cdot \\ w = c^{m} z + c^{(m)}_{ij\ldots\ell} x^{i} y^{j} \ldots z^{\ell} \end{cases}$$

Queste mostrano che T^{m} ammette ancora O come punto fisso, avendo ivi coefficienti di dilatazione che sono le potenze m^{me} di quelli di T. E' inoltre chiaro che T^{m} si esprime con equazioni lineari nelle coordinate, se ciò ha luogo per T.

L'inversa di quest'ultima proposizione n o n è v e r a in quanto l'essere per tutti i valori degli indici

$$(26) \quad a^{(m)}_{ij\ldots\ell} = 0, \quad b^{(m)}_{ij\ldots\ell} = 0, \ldots, c^{(m)}_{ij\ldots\ell} = 0$$

non implica che risulti del pari

$$(27) \quad a_{ij\ldots\ell} = 0, \quad b_{ij\ldots\ell} = 0, \ldots, c_{ij\ldots\ell} = 0.$$

Così, ad esempio, la trasformazione n o n l i n e a r e

$$n = - c^{2} x + y^{2}, \qquad v = c y$$

ammette come seconda iterata la trasformazione l i n e a r e

$$u = c^{4} x, \qquad v = c^{2} y.$$

Mostreremo però come l'inversa di quella proposizione sussista sotto opportune restrizioni, espresse dal seguente teorema.

Supponga si che T^m sia aritmeticamente generale; in altri termini, i coefficienti di dilatazione (a,b,...,c) ed il numero naturale m siano tali che, comunque si scelgano i numeri interi non negativi i,j,... ℓ soddisfacenti alla (15), e posto per abbraviare

$$(28) \qquad \omega = a^i \, b^j \cdots c^\ell,$$

risulti

$$(29) \qquad a^m \neq \omega^m, \quad b^m \neq \omega^m, \quad \cdots, \quad c^m \neq \omega^m.$$

Allora la linearità di T^m trae di conseguenza la linearità della T.

Si tratta di dimostrare che dalle (26), (29) seguono le (27). Supponiamo all'uopo per assurdo che valgano tutte le (26), (29), ma non tutte le (27); potremo allora considerare una fra le $a_{ij\ldots\ell}, b_{ij\ldots\ell}, \ldots, c_{ij\ldots\ell}$ che sia n o n   n u l l a ed abbia p e s o   m i n i m o ; e sia, per fissare le idee, la

$$(30) \qquad a_{ij\ldots\ell} \neq 0.$$

Poichè il coefficiente $a_{ij\ldots\ell}$ ha per ipotesi peso minimo fra i coefficienti non nulli dei termini non lineari che figurano nelle (5), dal modo come son state ottenute le (5^m), e con la posizione (28), risulta che è precisamente

$$a^{(m)}_{ij\ldots\ell} = a_{ij\ldots\ell}\left(a^{m-1} + a^{m-2}\omega + a^{m-3}\omega^2 + \cdots + \omega^{m-1}\right).$$

La prima delle (29) mostra inoltre che è a $\neq \omega$; sicchè l'equa zione testè ottenuta può anche scriversi nella forma

$$a^{(m)}_{ij\ldots\ell} = \frac{a_{ij\ldots\ell}\,(a^m - \omega^m)}{a - \omega}\;.$$

Ne sonsegue la

$$a^{(m)}_{ij\ldots\ell} \neq 0,$$

in forza delle (29),(30). E questa contraddizione con le (26)
prova l'asserto.

Si noti che, ove si aggiungesse l'ipotesi che le a,b,...,c
abbiano ad essere in valore assoluto tutte minori o tutte maggiori dell'unità, il teorema precedente sarebbe una conseguenza immediata di quello del n.13 e dell'osservazione finale di tale
numero. Si potrebbe dubitare che, anche per la validità dei
risultati del n.13, si potesse fare a meno sia della condizione
1^a) che della I^a); ma vedremo poi (nei nn.15 e 16) che così non
è.

Da quanto sopra si trae che:

Una trasformazione T che soddisfi alla condizione 1^a) o
I^a) ed alla condizione 2^a) del n.13, ammette esattamente m^n
radici m^{me}. Esistono cioè m^n trasformazioni $T^{1/m}$ aventi T come
iterata m^{ma}; i coefficienti di dilatazione di siffatte $T^{1/m}$ sono
precisamente dati da $(a^{1/m}, b^{1/m},\ldots,c^{1/m})$, in corrispondenza al
le varie possibili scelte per queste n radici m^{me}.

Tutto ciò si dimostra subito rappresentando T, com'è certamente possibile (n.13), mediante equazioni lineari del tipo
(12).

Qualora si pervenisse a stabilire l'esistenza di una $T^{1/m}$
sotto condizioni meno esigenti delle suddette, si potrebbe amplia
re la portata dei risultati del n.13, in quanto basterebbe since
rarsi della rappresentabilità lineare di tale $T^{1/m}$ per poter
senz'altro concludere in senso affermativo circa la rappresentabilità lineare della T.

Il problema della **r a p p r e s e n t a b i l i t à
l i n e a r e**   potrebbe anche venir affrontato da un altro
punto di vista, sul quale ci limiteremo a pochi cenni, dopo
aver premesso talune generalità non prive di interesse in sè.

Da due trasformazioni analitiche T, Θ di V_n in sè, dota
te entrambe del punto fisso O, si deducono per composizione i
prodotti TΘ , Θ T, i quali ancora operano su V_n ed hanno in
O un punto fisso. Quando questi due prodotti coincidono, si dice che T e Θ son fra loro __permutabili__; proprietà questa, che
manifestamente non dipende dalla scelta delle coordinate.
Dimostreremo che:

> __Se T e__ Θ __sono fra loro permutabili e si suppone__ Θ __arit-
> meticamente generale in O, dalla rappresentabilità lineare di__
> Θ __nell'intorno di O segue l'analoga proprietà per T.__

Con opportuna scelta delle coordinate nell'intorno di O.
la Θ avrà equazioni della forma

$$u = \alpha x \ , \qquad v = \beta y \ , \quad \cdots \quad , \quad w = \gamma z \ ;$$

e sia p.es.

$$u = a^{(1)} x + a^{(2)} y + \cdots + a^{(n)} z + a_{ij\ldots\ell}\, x^i y^j \ldots z^\ell$$

la prima delle equazioni di T in tale sistema di coordinate.
Uguagliando fra loro i valori della prima coordinata del trasfor
mato mediante T Θ e mediante Θ T di uno stesso punto
(x,y,...,z), otteniamo l'identità:

$$a^{(1)}\alpha x + a^{(2)}\beta y + \cdots + a^{(n)}\gamma z + a_{ij\ldots\ell}\,\alpha^i \beta^j \ldots \gamma^\ell x^i y^j \ldots z^\ell =$$

$$= \alpha \left(a^{(1)} x + a^{(2)} y + \cdots + a^{(n)} z + a_{ij\ldots\ell}\, x^i y^j \ldots z^\ell \right).$$

E questa, in forza della generalità aritmetica di Θ in O,
implica l'annullarsi di tutte le $a_{ij\ldots\ell}$, ossia la linearità

di quella prima equazione di T. In modo analogo si procede per le altre equazioni; e ciò dimostra la linearità di T in ogni sistema di coordinate in cui Θ si rappresenti linearmente. Di più dall'esame dei termini lineari nella suddetta identità, deduciamo che:

Se Θ ha in O coefficienti di dilatazione fra loro a due a due distinti, le T permutabili con Θ -in coordinate fornenti per Θ una rappresentazione avente forma ridotta - sono tutte e sole quelle rappresentate (al variare dei coefficienti a,b... ...c) dalle

$$u = a\,x, \qquad v = b\,y, \qquad \cdots, \qquad w = c\,z.$$

Va rilevato che, fra le T suddette, ve ne sono manifestamente in ogni caso infinite aventi in O coefficienti di dilatazione che non soddisfanno alle condizioni del n.13. Acquista pertanto interesse la conseguenza che ora trarremo da ciò che precede.

Data una q u a l s i a s i T con punto fisso in O, supponiamo che sia possibile determinare una Θ soddisfacente alle seguenti condizioni:

1^a) Θ sia permutabile con T;

2^a) Θ sia aritmeticamente generale in O;

3^a) i coefficienti di dilatazione di Θ in O siano in valor assoluto tutti minori o tutti maggiori di 1.

Allora Θ risulta r a p p r e s e n t a b i l e l i n e a r m e n t e, in forza del n.13; sicchè l'analoga proprietà deve sussistere per T, in virtù di quanto s'è visto poc'anzi.

15. SUI PUNTI FISSI DELLE TRASFORMAZIONI ANALITICHE CICLICHE.

Nel presente numero, T denoterà una q u a l u n q u e trasformazione analitica di V_n in sé dotata di un punto fisso O:

ora cioè – a differenza che nei nn.8,10 – non faremo l'ipotesi
che la T sia invertibile nell'intorno di O, e neppure supporremo che la relativa omografia tangente in O risulti generale.

In un intorno di O, ci potranno considerare le successive
i t e r a t e di T:
$$T,\ T^2,\ T^3,\ldots;$$

denoteremo con

$$(x_1,y_1,\ldots,z_1),\ (x_2,y_2,\ldots,z_2),(x_3,y_3,\ldots,z_3),\ldots$$

i rispettivi trasformati mediante queste del generico punto
$(x,y,\ldots,z)$, le coordinate del quale – per uniformità di notazio
ni – verranno anche designate con $(x_0,y_0,\ldots,z_0)$. E' chiaro
allora, che T^m trasforma il punto $(x_h,y_h,\ldots,z_h)$ in $(x_{h+m},y_{h+m},\ldots,z_{h+m})$.

Si dice che la T è <u>ciclica d'ordine m</u>, per significare
che – nell'intorno di O – T^m è la trasformazione i d e n t i c a
sicchè ivi risulta

$$(31)\qquad x_h = x_k,\qquad y_h = y_k,\ \cdots,\ z_h = z_k \qquad \text{se}\ \ h \equiv k \ \ (\text{mod}\,m)$$

Se poi <u>m</u> denota il m i n i m o intero positivo per cui tale
proprietà ha luogo, si dirà che <u>T appartiene all'esponente m</u>.

Poichè in ogni caso nel punto O risulta

$$\frac{\partial(x_m, y_m, \ldots, z_m)}{\partial(x, y, \ldots, z)} = \left(\frac{\partial(x_1, y_1, \ldots, z_1)}{\partial(x, y, \ldots, z)}\right)^{m},$$

ed il primo membro deve ridursi all'unità affinchè T sia ciclica d'ordine m, sicchè allora il secondo membro non può annullarsi, così <u>ogni trasformazione analitica ciclica risulta invertibile nell'intorno di ogni suo punto fisso O.</u> Nella suddetta
ipotesi, si può quindi considerare l'omografia π tangente in O
a T: questa è allora (invertibile e) ciclica, eppertanto genera-

le (cfr. p.es. BERTINI $[2]$, pp.79-80 o 107-108). E' quindi ora lecito applicare i risultati del n.14, i quali immediatamente forniscono che:

In un punto fisso di una qualunque trasformazione ciclica d'ordine m, ciascuno dei coefficienti di dilatazione uguaglia una radice m^{ma} dell'unità.

Preciseremo meglio questo risultato alla fine del presente numero. Intanto notiamo ch'esso n o n   p u ò   v e n i r e   i n v e r t i t o, in quanto esistono manifestamente trasformazioni T aventi in O un punto fisso con coefficienti di dilatazione uguali a radici m^{me} dell'unità, senza tuttavia ch'esse risultino cicliche d'ordine m (cfr.in proposito l'inizio del n.16). Comunque si scelgano le coordinate nell'intorno di O, _una T siffatta non può mai venire rappresentata da equazioni lineari_, poichè altrimenti la trasformazione T^m risulterebbe chiaramente identica, contrariamente al supposto. Completeremo quest'osservazione mostrando che:

Ogni trasformazione analitica ciclica dotata di un punto fisso, O, può venir rappresentata mediante equazioni lineari, con opportuna scelta delle coordinate nell'intorno di O.

In base a ciò che precede, se T è ciclica d'ordine m possiamo scegliere nell'intorno di O coordinate $(x,y,\dots,z)$ siffatte che, per $r=1,2,3,\dots$, la T^r abbia equazioni del tipo

$$(32)\quad\begin{cases} x_r = a^r x + a^{(r)}_{ij\dots\ell}\, x^i y^j \dots z^\ell \\ y_r = b^r y + b^{(r)}_{ij\dots\ell}\, x^i y^j \dots z^\ell \\ \;\cdot\;\;\cdot\;\;\cdot\;\;\cdot\;\;\cdot\;\;\cdot\;\;\cdot \\ z_r = c^r z + c^{(r)}_{ij\dots\ell}\, x^i y^j \dots z^\ell \end{cases},$$

dove $a,b,\dots,c$ ora denotano radici m^{me} dell'unità e gli altri simboli hanno ovvi significati.

In luogo delle $(x,y,\dots,z)$, introduciamo nell'intorno di O coordinate $(X,Y,\dots,Z)$ definite dalle

$$(33) \begin{cases} X = (x_0 + a^{-1}x_1 + a^{-2}x_2 + \cdots + a^{-m+1}x_{m-1})/m \\ Y = (y_0 + b^{-1}y_1 + b^{-2}y_2 + \cdots + b^{-m+1}y_{m-1})/m \\ \qquad \cdots \cdots \cdots \cdots \cdots \cdots \\ Z = (z_0 + c^{-1}z_1 + c^{-2}z_2 + \cdots + c^{-m+1}z_{m-1})/m \; ; \end{cases}$$

e si noti che, avuto riguardo alle (32), le (33) risultano precisamente del tipo (7) e convergono in tutto un intorno n-dimensionale. Il punto trasformato di $(X,Y,\ldots,Z)$ mediante T, ha
nuove coordinate $(X_1,Y_1,\ldots,Z_1)$ fornite dai secondi membri delle
(33) ove vi si scriva rispettivamente $x_1,y_1,\ldots,z_1$ in luogo di
$x=x_0,\ y=y_0,\ldots,\ z=z_0$, e quindi $x_2,y_2,\ldots,z_2$ in luogo di $x_1,y_1,$
$\ldots,z_1$, ecc. Avuto riguardo alle (31), ciò porge le equazioni
lineari

$$X_1 = a X, \quad Y_1 = b Y, \ldots, \; Z_1 = cZ \; ,$$

onde l'asserto.

Dal risultato testé stabilito si trae subito che:

Una trasformazione analitica ciclica T di una V_n in sè,
dotata di un punto fisso O con coefficienti di dilatazione a,b,
....,c appartiene all'esponente m se, e soltanto se, m è il più
piccolo intero positivo per cui risulti

$$a^m = 1, \quad b^m = 1, \ldots, c^m = 1;$$

ciò equivale a dire che, posto

$$a = e^{2\pi i p/m}, \quad b = e^{2\pi i q/m}, \ldots, \; c = e^{2\pi i z/m}.$$

gli interi, $m,p,q,\ldots,$ debbono risultare primi fra loro. Affinchè il punto O giaccia su di una varietà subordinata k-dimen-
sionale di V_n che sia luogo di punti fissi per la T, occorre e
basta che k di quei coefficienti di dilatazione valgano 1.

16. <u>TRASFORMAZIONI ARITMETICAMENTE GENERALI NON RAPPRESENTABI-
LI LINEARMENTE</u>;

E' chiaro che una T dotata di un punto fisso con coefficienti di dilatazione tutti uguali all'unità, se è rappresentabile linearmente, risulta l'identità. Dunque:

<u>Nessuna trasformazione analitica non identica</u>, <u>che abbia
un punto fisso a coefficienti di dilatazione tutti uguali all'u-
nità</u>, <u>può venir rappresentata con equazioni lineari</u>.

Queste esempio di n o n rappresentabilità lineare rientra fra quelli di cui è detto nel n.15, i quali tutti hanno i
relativi coefficienti di dilatazione a modulo unitario, e risul
tano aritmeticamente particolari (secondo la terminologia intro
dotta nel n.10). Esempi ancora più generali di trasformazioni
aritmeticamente particolari non rappresentabili linearmente, si
desumono agevolmente dal n.12.

E' importante di vedere se esistono <u>trasformazioni aritmeticamente generali non rappresentabili linearmente</u>. Daremo a
questa questione risposta a f f e r m a t i v a, costruendo
una categoria abbastanza vasta di trasformazioni aventi i requisiti voluti. Per semplicità di esposizione, ci limiteremo al
caso di n=2 variabili; ma non sarebbe difficile di estendere
ulteriormente la portata delle nostre considerazioni e di dare
esempi in un qualunque numero n di variabili. Possiamo aggiun
gere che, a norma del n.13, per le trasformazioni richieste i
coefficienti di dilatazione non possono risultare in valore assoluto tutti minori o tutti maggiori dell'unità; sicchè in
particolare, n e l c a s o n=1 o g n i trasformazione dotata di punto fisso che non sia rappresentabile linearmente deve
avere un (unico) coefficiente di dilatazione d i m o d u l o
u n i t a r i o.

Sia T una trasformazione analitica di una V_2 in sè, avente nel punto fisso O i coefficienti di dilatazione a,b. Per

semplicità, supporremo a,b reali positivi; inoltre in conformità
ad un'osservazione fatta nel capoverso precedente, li assoggette-
remo alle condizioni

$$a > 1, \qquad b < 1 .$$

Potremo dunque porre

(34)
$$a = e^{\sigma} \quad , \qquad b = e^{-\tau}$$

dove σ e τ denotano due numeri r e a l i/p o s i t i v i.
Rileviamo anzitutto che:

La T risulta in O aritmeticamente particolare o generale,
secondochè il numero reale

(35)
$$\varrho = \sigma/\tau$$

è razionale od irrazionale.

Invero, in forza delle (34),(35), le $a=a^i b^j$, $b=a^i b^j$ equivalgono rispettivamente alle $\sigma = i\sigma - j\tau$, $\tau = i\sigma - j\tau$,
ossia alle $\varrho =j/(i-1)$, $\varrho =(i-1)/i$.

La T riesce quindi aritmeticamente generale, ove si assuma
ϱ dato da una f r a z i o n e c o n t i n u a i n f i n i-
t a ad elementi c_i i n t e r i/p o s i t i v i a r b i t r a-
r i :

(36)
$$\varrho = (c_0, c_1, c_2, \ldots),$$

in quanto allora il secondo membro della (36) notoriamente
converge rappresentando un numero ϱ irrazionale. E' noto inoltre che, posto $p_{-1}=1$, $q_{-1}=0$, denotata con p_r/q_r (per r=0,1,2,...)
la ridotta $(c_0,c_1,\ldots,c_r)$ scritta sotto forma di frazione irriducibile, ed assunto

$$\varrho_i = (c_{i+1} , c_{i-1} , c_{i+3} , \ldots) ,$$

talchè:

$$\xi > c_{r+1}$$

risulta:

$$\xi - \frac{p_r}{q_r} = \frac{(-1)^r}{\xi_r q_r^2 + q_{r-1} q_r}$$

Pertanto, se r è   p a r i , si ha

$$(37) \qquad 0 < \xi - \frac{p_r}{q_r} < \frac{1}{\xi_r q_r^2} < \frac{1}{c_{r+i} q_r^2}$$

Assumiamo ora nella (36) **gli interi** c_i **di indice pari a d** a r b i t r i o; per i rimanenti, imponiamo soltanto le l i m i t a z i o n i

$$(38) \qquad c_{r+1} \geq q_r^{q_r - 1} \qquad\qquad \text{per r pari,}$$

le quali permettono manifestamente di completare la definizione del numero ξ dato dalla (36), scegliendo successivamente (con una certa latitudine) le c_{r+1} per r=0,2,4,...(ossia le c che ancora restavano da determinare). Dopo di ciò, preso a d a r-b i t r i o   il numero reale positivo τ , la (35) determinerà σ ; sicchè rimangono univocamente definite le a,b dalle (34). Rileviamo per il seguito che,in virtù delle (37),(38), risulta

$$(39) \qquad 0 < \xi - \frac{p_r}{q_r} < q_r^{-(q_r+1)} \qquad\qquad \text{per r pari.}$$

Consideriamo ora la trasformazione analitica,T, definita dalle equazioni

 B.Segre

$$(40) \qquad u = a\,x + a_{ij}\,x^i y^j, \qquad v = b\,y,$$

ove le a_{ij} siano numeri reali soggetti alle seguenti condizioni
(certamente compatibili, ed anzi assai poco restrittive): 1^{A})
la serie $a_{ij}\,x^i y^j$ converga in un intorno 2-dimensionale del
punto 0; 2^{a}) per i particolari valori degli indici i,j esprimibili nella forma

$$(41) \qquad i = q+1, \qquad j = p_r \qquad\qquad (\text{ con } r \text{ pari}),$$

le a_{ij} abbiano un s e g n o che ci riserbiamo di precisare fra
poco, e siano in valor assoluto limitate inferiormente da una
costante p o s i t i v a che denotiamo con θ.

A norma del n.11, esiste uno ed un solo cambiamento formale di coordinate del tipo

$$X = x + \alpha_{ij}\,x^i y^j, \qquad Y = y,$$

che linearizza formalmente le equazioni di T attorno ad 0; ed i
coefficienti α_{ij} che qui compaiono risultano numeri reali, definiti in modo ricorrente dalle equazioni (11), che ora si riducono alle

$$(42) \qquad \left(a - a^i b^j \right)\alpha_{ij} = a_{ij} + \cdots,$$

ove i puntini stanno in luogo di quantità reali che non è necessario precisare.

Orbene, per i valori di i,j esprimibili nella forma (41),
converremo di scegliere induttivamente il s e g n o di a_{ij} in
guisa che risulti

$$\left| \left(a - a^i b^j \right)\alpha_{ij} \right| \geq \left| a_{ij} \right| ;$$

e ciò è certamente sempre possibile, in base appunto alla (42).
Tenuto conto della condizione 2^a) e delle (41),(34),(35), (39),
per i suddetti valori di i,j abbiamo quindi successivamente

$$(43) \quad \begin{cases} |\alpha_{ij}| \geqslant \dfrac{\theta}{a\cdot|1 - a^{i-1}b^j|} = \dfrac{\theta}{a|1 - e^{\sigma q_2 - \tau p_2}|} = \\[2ex] = \dfrac{\theta}{a\left|e^{q_2\tau(\varsigma - p_2/q_2)} - 1\right|} > \dfrac{\theta}{a\left(e^{\tau q_2 q_2} - 1\right)} . \end{cases}$$

Ci proponiamo di dimostrare che:

La corrispondenza T definita dalle (40), dove i coefficien
ti a,b,a$_{ij}$ si scelgano con le avvertenze dianzi specificate,
non può - con nessun cambiamento di coordinate - venir rappresen
tata mediante equazioni lineari.

In virtù del n.11, per provare l'asserto basterà dimostrare
che:

La serie doppia $\alpha_{ij}\, x^i y^j$, determinata nel modo sopra indicato, non converge in nessun intorno 2-dimensionale dell'origine.

Supponiamo infatti per assurdo che esistan due costanti
ξ , η complesse entrambe diverse da zero, tali che la serie
$\alpha_{ij}\, \xi^i\, \eta^j$ converga. Presi allora i numeri reali λ , μ
soddisfacenti alle

$$0 < \lambda < |\xi| , \qquad\qquad 0 < \mu < |\eta|$$

vi sarà una costante reale positiva K tale che - per ogni scelta
degli indici i,j, e quindi pure ove in particolare si definiscano con le (41) - risulti

$$|\alpha_{ij}|\, \lambda^i \mu^j < K .$$

Con tale scelta degli indici i,j e facendo poi tendere all'infi-

nito l'indice r che figura nelle (41) (con che anche i,j e q_r
tendono all'infinito, mentre i/q tende ad 1, e $j/q_r^r = p_r/q_r$ e
j/i tendono a $\wp$), si ha dunque:

$$\left| \alpha_{ij} \right|^{\frac{1}{i+j}} < K^{\frac{1}{i+j}} \; \lambda^{\frac{-1}{1+j/i}} \; \mu^{\frac{-j/i}{1+j/i}} \longrightarrow \lambda^{\frac{-1}{1+\wp}} \; \mu^{\frac{-\wp}{1+\wp}} < \infty$$

D'altro canto, la (43) fornisce invece

$$\left| \alpha_{ij} \right|^{\frac{1}{i+j}} > \left(\frac{\theta}{\tau a} \right)^{\frac{1}{i+j}} \left(\frac{\tau \, q_z^{-q_z}}{e^{\tau} \, q_z^{-q_z} - 1} \right)^{\frac{1}{i+j}} \cdot q_z^{\frac{1}{i/q_z + j/q_z}} \longrightarrow \infty$$

e questa contraddizione col risultato precedente dimostra l'asserto.

————————

NOTIZIE STORICHE E BIBLIOGRAFICHE.

Quasi tutti i risultati della presente Lezione trovansi
qui esposti per la prima volta; essi hanno tuttavia dei preceden
ti importanti, che ora richiamiamo.

Il caso n=1, concernente lo studio delle trasformazioni ana
litiche uniformi su di una variabile complessa nell'intorno
di un punto fisso, può dirsi esaurito dalle ricerche sull'i t e-
r a z i o n e di tali trasformazioni in un intorno siffatto, e
delle e q u a z i o n i f u n z i o n a l i di ABEL e di
SCHRODER che a tale procedimento si collegano; sull'argomento,
vanno particolarmente ricordati i lavori di KŒNIGS[36,37],
GRÉVY[35], LEAU[44], LEMERAY[45,46]. I risultati in proposito relativi al caso di un coefficiente di dilatazione a modulo
unitario, sono poi stati applicati a questioni di stabilità da
LEVI-CIVITA[47] e CIGALA[24], rispettivamente nel caso in cui

l'anomalia di detto coefficiente sia commensurabile od incommensurabile con π .

Un accurato studio per le trasformazioni su d u e variabili, è stato quindi fatto da LATTES[40,43] , il quale non ha esclusa la possibilità che l'omografia tangente possa risultare particolare, ma si è limitato ai casi in cui i due coefficienti di dilatazione sono in valor assoluto entrambi minori od entrambi maggiori dell'unità. E la stessa restrizione si trova nelle ricerche di FATOU [29] , concernenti le equazioni funzionali (generalizzanti quella di SCHRODER) che in tale studio si presentano. Il caso di cui alla proposizione finale del n.16 esula così completamente dalle ricerche di questi autori, e mostra quali serie difficoltà si presenterebbero ove p.es. si volesse completare la classificazione di LATTES [42,43] delle f o r m e r i d o t t e   per le trasformazioni analitiche in due variabili nell'intorno di un punto fisso. Gli sviluppi in questione hanno degli importanti riflessi nella teoria delle equazioni differenziali, che varrebbe la pena di approfondire; al riguardo cfr. POINCARE [55].

Per l'argomentazione del n.15, relativa alla trasformazione (33) cfr. H.CARTAN [22 , p.80]; in proposito ved.altresì BOCHNER [4] .

Una nozione differenziale che potrebbe venir utilmente usata nello studio di una trasformazione analitica T di una V_n in sè, nell'intorno di un suo punto fisso O, è la seguente la quale risale al SEVERI [89 , n.130]. Una retta tangente a V_n in O dicesi una retta o direzione principale, quand'essa sia ottenibile come limite della retta congiungente due punti distinti di V_n che si corrispondano in T e tendano ad O; e si dice che O è una coincidenza perfetta di T, se o g n i retta tangente a V_n in O risulta principale. Si può dimostrare che ogni coinci-

denza isolata è sempre perfetta (ma non viceversa): cfr.
B.SEGRE [47].

   I risultati del n.15 potrebbero costituire da fondamento
per uno studio approfondito delle trasformazioni birazionali cicliche e delle involuzioni su di una V_n algebrica; per n=2, cfr.
le ricerche al riguardo di GODEAUX [31 - 34].

   Segnaliamo da ultimo una questione interessante, collegata
coi risultati precedentemente ottenuti verso la fine del n.11.
In base a questi, ogni trasformazione analitica T di un S_n in
sè, che sia dotata di un punto fisso in cui risulti aritmeticamente generale, può venir trasformata analiticamente in un'analoga T' di S'_n, che ammetta nel punto O' omologo di O un'o m o-
g r a f i a ad essa ivi prossima di un qualunque ordine k
prefissato. Si tratterebbe di decidere se e quando il riferimento fra S_n ed S'_n che muta T in T' possa assumersi birazionale
Va rilevato come, nello studio di questo problema, non sia
restrittivo supporre che T stessa sia una trasformazione b i r a
z i o n a l e. E' noto infatti (B.SEGRE [76], MANARA [48]),
che è sempre possibile di approssimare T in O d'ordine k, mediante una trasformazione birazionale; ed è chiaramente lecito
nel suddetto problema, di sostituire a T una siffatta trasformazione approssimante.

LEZIONE TERZA

INVARIANTI DI CONTATTO E DI OSCULAZIONE. LA NOZIONE DI BIRAPPORTO IN GEOMETRIA DIFFERENZIALE.

17. INVARIANTI PROIETTIVI DI DUE CURVE AVENTI IN UN PUNTO GLI STESSI SPAZI OSCULATORI.

Nella presente Lezione effettueremo uno studio sistematico degli _invarianti di contatto e di osculazione_ relativi a curve ed a varietà, dando per ciascuno di essi una semplice interpretazione geometrica. Ciò farà già intervenire variamente la _nozione di birapporto_, senza tuttavia condurre a vere e proprie estensioni di talè nozioni al campo differenziale. Di siffatte esten sioni ci accuperemo poi metodicamente, riconducendole a notevoli proprietà differenziali di opportune varietà.

Dati in un piano due rami C,C' di curve analitiche, aventi la stessa origine O e la stessa tangente t, nell'ipotesi ch'essi abbiano con questa un contatto ugualmente elevato e siano perciò rappresentabili con equazioni del tipo

$$y = a\,x^{\mu} + \cdots\;,\quad y = a'x^{\nu}+\cdots \qquad (a\,a' \neq 0,$$
$$\mu \text{ intero o fratto} > 1)$$

il numero a/a' risulta indipendente dalle coordinate; esso costituisce perciò un _invariante proiettivo_ di C,C' in O, detto di MEHMKE-SEGRE. L'interpretazione geometrica di cui alla fine del n.7 non può generalmente venir applicata nelle ipotesi attuali: ora però si ha il seguente ancora più semplice significato geometrico, che risale a C.SEGRE $\big[\S\,0\big]$. Una retta r, prossima ad O ma non a t, incontri C,C', t ordinatamente nei punti P,P',T; se M è un qualunque punto di r ed r tende a passare per O, il limite del birapporto (PP' TM) non dipende dalle posizioni limiti di

r, M (le quali vanno unicamente supposte distinte da t,0), ed
è precisamente uguale ad a/a'.

Poggiando su questo risultato, possiamo ottenere certi
invarianti proiettivi di osculazione di due curve in un iperspazio, dandone in pari tempo delle semplici _interpretazioni
geometriche._

In un S_n proiettivo $(n \geq 2)$ siano L,L' due rami di curve
analitiche coll'origine O comune, aventi in O la medesima retta
tangente, S_1, lo stesso piano osculatore, S_2,..., lo stesso
iperpiano osculatore, S_{n-1}; e supponiamo che L ed L' abbiano in
O con ciascuno di questi spazi un c o n t a t t o u g u a l -
m e n t e e l e v a t o . Si possono allora ovviamente (ed
in infiniti modi) introdurre in S_n coordinate proiettive non
omogenee $x_1, x_2, \ldots, x_n$ con l'origine in O, di guisa che detti
rami si rappresentino con equazioni della forma

$$L) \quad x_r = \left\{ a_r x_1^{\mu_r} \right\}, \qquad L') \quad x_r = \left\{ a'_r x_1^{\mu_r} \right\}$$

$$\left(a_r a'_r \neq 0, \qquad r = 2, 3, \ldots, n \right)$$

ove nei secondi membri le graffe stanno per indicare che si son
scritti soltanto i t e r m i n i d i o r d i n e i n f i_
n i t e s i m a l e p i ù b a s s o   rispetto ad x_1, e le μ
denotano n u m e r i i n t e r i o/f r a t t i soddisfacenti alle

$$1 < \mu_2 < \mu_3 < \cdots < \mu_n .$$

Si ha allora il

TEOREMA: _Le n-1 quantità_

$$\mathfrak{z}_r = a_r / a'_r \qquad (r = 2, 3, \ldots n)$$

sono indipendenti dalle coordinate introdotte, e restano quindi
i n v a r i a t e quando si trasformino L ed L' con una qualunque omografia di S_n.

Il teorema essendo già acquisito per n=2, nel qual caso
ci è anche nota un'interpretazione geometrica dell'unico invariante, J_2 , potremo stabilirlo procedendo per induzione rispetto ad n. Supporremo quindi n $\geqslant$ 3, e ammetteremo che il teorema
stesso gia già stabilito negli spazi ad n-1 dimensione. Esso segue allora subito nell'S_n, in base alla seguente proposizione,
la quale offre pure interesse in sè.

Fissiamo ad arbitrio un punto P di S_n, che a p p a r t e n
g a a d S_{r+1} m a n o n a d S_r ($1 \leqslant r \leqslant$ n-1), ed un iperpiano $\bar{S}_{n-1}$ di S_n che non passi per P. I due rami, $\bar{L}$ ed $\bar{L}'$ proiezioni di L, L' da P su $\bar{S}_{n-1}$ hanno nel punto proiezione di O
comportamento tale (facilmente precisabile) che ad essi è lecito
applicare il teorema in questione. Si vede allora senza difficoltà che:

Per r fissato, gli n-2 invarianti $\overline{J}$ relativi ad $\bar{L}$, $\bar{L}'$
non dipendono dalla scelta del punto P e dell'iperpiano $\bar{S}_{n-1}$, e
son dati semplicemente da:

$$\overline{J}_2 = J_2 , \dots , \overline{J}_r = J_r , \overline{J}_{r+1} = J_{r+2} , \dots , \overline{J}_{n-1} = J_n .$$

Se i due rami L,L' considerati nel suddetto teorema si
proiettano su di un qualunque spazio a k dimensioni ($2 \leqslant k \leqslant$ n-1)
da un centro P ad n-k-1 dimensioni sghembo con quello e con la
retta S_1, si ottengono sul primo spazio due rami ai quali il
teorema stesso può venir applicato. La successione dei k-1 invarianti relativi alle proiezioni dei due rami, si ottiene sempli
cemente da quella (J_2, J_3,..., J_n) concernente L ed L', sop-
primendo le J il cui indice r è tale che

$$\dim (P \cap S_r) > \dim (P \cap S_{r-1}).$$

Applicando in particolare questi risultati per k=2, si ottiene subito la seguente proprietà, che permette di introdurre ciascuno degli invarianti J_r come limite di un opportuno birapporto.

L'invariante di MEHMKE-SEGRE relativo alle proiezioni di L,L' su di un piano, da un qualunque centro P ad n-3 dimensioni sghembo con questo piano e con B_1, è sempre uno determinato degli invarianti J_r (r=2,3,...,n); ed è precisamente quello che corrisponde al minimo r per cui risulti $\dim(P \cap S_r) < r-2$.

Altri significati geometrici per gli invarianti dianzi considerati trovansi in VESENTINI $[100]$.

La relazione ammessa fra i rami L,L', come pure i relativi invarianti J_r , non hanno generalmente carattere dualistico; essi però si modificano nel modo semplice che ora specificheremo, quando si trasformino i due rami con una qualunque r e c i p r o c i t à di S_r. Si ottengono in tal guisa due rami L^*, L'^*, aventi in comune l'origine O^* (trasformata di S_{n-1}), e situati in guisa che anche a questi è applicabile il teorema stabilito in principio. Più precisamente, per i rami trasformati, in luogo dei numeri μ compaiono le quantità:

$$\mu_r^* \equiv \frac{\mu_n - \mu_{n-r}}{\mu_n - \mu_{n-1}} \qquad \left(r = 2, 3, \ldots, n \, ; \, \mu_0 = 0, \ \mu_1 = 1 \right)$$

e gli invarianti proiettivi ad essi inerenti valgono:

$$J_r^* = \left(J_{n-1}/J_n \right)^{\mu_r^*} \cdot J_n/J_{n-r} \qquad \left(r = 2, 3, \ldots, n \, ; \, J_0 = J_1 = 1 \right)$$

18. UN CASO METRICO NOTEVOLE.

Particolare interesse offre il caso in cui, l'ambiente S_n in cui sono immersi i rami L,L' essendo uno s p a z i o   e u c l i d e o, la comune origine O di L,L' sia un loro p u n t o s e m p l i c e   o r d i n a r i o. Attualmente, se valgono le ipotesi del teorema di cui al n.17, risulta (con le notazioni ivi usate)

$$\mu_r = \mu_r^* = r \qquad (r = 2, 3, \ldots, n),$$

e si possono considerare le n-1 c u r v a t u r e $c_r, c_r', c_r^*,$ $c_r'^*$ di L,L',L*, L'* in O. Poggiando su ciò che precede ed appli cando le formule di FRENET-SERRET generalizzate, si vede che, posto per abbreviare

$$\gamma_r = c_r / c_r' , \qquad \gamma_r^* = c_r^* / c_r'^* \qquad (r = 2, 3, \ldots, n),$$

risulta:

$$J_r = \gamma_2 \gamma_3 \cdots \gamma_r , \qquad \text{donde} \qquad \gamma_r = J_r / J_{r-1} \left(\begin{array}{c} r = 2, 3, \ldots, n; \\ J_1 = 1 \end{array} \right)$$

ed inoltre

$$\gamma_r^* = J_r^* / J_{r-1}^* = \left(J_{n-r+1} / J_{n-r} \right) : \left(J_n / J_{n-1} \right),$$

ossia

$$\gamma_r^* = \gamma_{n-r+1} / \gamma_n \qquad \text{per} \quad r = 2, 3, \ldots, n-1, \quad \text{e} \quad \gamma_n^* = 1/\gamma_n$$

Ne consegue che:

Se due curve di un S_n euclideo ammettono in un punto proprio O, semplice ordinario per entrambe, uno stesso S_r osculatore per r=1,2,...,n-1, i rapporti di due omonime qualsiansi delle loro n-1 curvature in O sono invarianti, di fronte alle omografie di S_n che non trasformano O in un punto improprio e si alterano con le semplici leggi espresse dalle ultime equazioni quando si operi un'arbitraria reciprocità (che non trasformi l'iperpiano osculatore in O in un punto improprio).

Quando si passi dalle due date <u>linee a due loro proiezio-</u>
<u>ni su di un qualunque</u> S_k <u>proprio</u> $(2 \leq k \leq n-1)$ <u>da un generico</u>
S_{n-k-1} <u>(proprio od improprio), ciascuno dei k-1 rapporti di due</u>
<u>curvature omonime delle linee proiezioni risulta u g u a l e e</u>
<u>al rapporto delle curvature di ugual nome delle linee oggetti-</u>
<u>ve.</u> E si vede subito come occorra modificare questo risultato
per <u>posizioni particolari</u> del centro di proiezione.

19. <u>UN'IMPORTANTE ESTENSIONE.</u>

Studieremo ora una situazione più generale di quella esa-
minata nel n.18, comprendente fra l'altro il caso di due curve
dello spazio ordinario che semplicemente si tocchino in un punto. Ci limiteremo all'aspetto proiettivo della questione, dal
quale però - come nel n.18 - si potrebbero agevolmente trarre
conseguenze di natura metrica. Lasciamo inoltre al Lettore il
problema di investigare se gli invarianti proiettivi, introdotti
nei vari casi, costituiscano o meno un sistema c o m p l e t o
(in un senso ovvio, facilmente precisabile).

Fissati due interi n,r, soddisfacenti alle limitazioni

$$n \geq 3, \qquad 1 \leq r \leq n-2,$$

consideriamo due curve L,L' di un S_n proiettivo, che si tocchino in un punto O semplice ordinario per entrambe; di più, detti S_k, S_k' gli spazi a k dimensioni osculatori in O alle L,L'
(k=1,2,...,n-1) supponiamo che risulti

$$S_1 = S_1', \quad S_2 = S_2', \ldots, \quad S_r = S_r',$$

ma che quegli spazi S_k, S_k' non presentino particolarità ulteriori.
Allora <u>gli intorni d'ordine n del punto O sulle L,L' ammettono</u>
<u>n-2 invarianti proiettivi indipendenti</u>, ottenibili nel modo se-
guente.

Anzitutto, se $r > 1$, si ha un primo gruppo di r-1 invarianti proiettando L ed L' sul comune S_r osculatore in O da un qualunque spazio (n-r-1)-dimensionale sghembo con questo. Le curve
proiezioni ammettono allora $S_1, S_2, \ldots, S_{r-1}$ come spazi osculatori comuni in O, sicchè si può ad esse applicare il teorema del
n.17, ciò che fornisce r-1 loro invarianti

$$ \mathit{J}_2 \ , \ \mathit{J}_3 , \ . \ \ . \ \ . \ , \mathit{J}_r \ . $$

Si verifica agevolmente che questi non dipendono dal centro di
proiezione, e quindi risultano di fatto r-1 i n v a r i a n t i
p r o i e t t i v i di L,L' in O.

Per definire i rimanenti n-r-1 invarianti, facciamo alcune
considerazioni preliminari. Per quanto inizialmente supposto
sugli spazi S_k, S'_k, se $\underline{i}$ denota uno qualunque dei numeri r+1,
r+2,...,h, gli spazi S_{i-1}, S'_{n+r-i} si intersecano in $S_r = S'_r$ e
sono quindi congiunti da un determinato iperpiano, che designamo con ϱ_i . Scegliamo inoltre arbitrariamente in S_n un iperpiano fisso, π , non passante per O, ed un iperpiano   variabile,
, χ , esso pure non passante per O, che tenda ad una posizione
limite, χ_o , contenente il punto O ma non la retta S_1. Quando
χ è sufficientemente prossimo a χ_o , l'iperpiano χ sega nel-
l'intorno di O le L,L' in punti Q,Q' distinti univocamente determinati; indichiamo rispettivamente con P, R_i le intersezioni della
retta QQ' con gli iperpiani π, ϱ_i , e poniamo

$$ \theta_{ij} = (QQ'R_iP)^{n+r-2j+1} \Big/ (QQ'R_jP)^{n+r-2i+1} $$

ove $i \neq j$ ed i,j=r+1,r+2,...,n. Si dimostra che, quando χ tende
a χ_o , questo θ_{ij} ammette un limite, J_{ij} , il quale risulta
indipendente da π e χ_o come pure dal modo di tendere di χ a
χ_o . Ciascuno degli (n-r)(n-r-1) numeri J_{ij} , così definiti, è

pertanto un i n v a r i a n t e p r o i e t t i v o d i
c o n t a t t o di L ed L' in O.

Fra questi numeri intercedono però sempre certe relazioni.
Valgono precisamente le

$$J_{ij}\, J_{ji} = 1$$

inoltre, nell'ipotesi che sia $n \geqq r+3$, se (i,j,h) denotano tre
qualunque distinti dei numeri $r+1, r+2, \ldots, n$ sussistono le:

$$J_{jh}^{\,n+r-2i+1}\; J_{hi}^{\,n+r-2j+1}\; J_{ij}^{\,n+r-2h+1} = 1 \; .$$

Ciò fa sì che precisamente $n-r-1$ d e g l i J_{ij} r i s u l t a-
n o f r a l o r o a l g e b r i c a m e n t e i n d i p e n
d e n t i, tali essendo ad esempio

$$J_{r+1,\,r+2}\; , \quad J_{r+1,\,r+3}\; , \; \cdot \; \cdot \; \cdot \; , \; J_{r+1,\,n} \; .$$

Poichè questi risultano altresì indipendenti da $J_2 , J_3 , \ldots, J_r$,
si sono così in tutto di fatto ottenuti $n-2$ invarianti proiettivi indipendenti.

I vari risultati enunciati sopra si dimostrano facilmente
per via analitica, dopo aver introdotte coordinate opportune
in S_n, ciò che in pari tempo permette di dare semplici espressioni per quegli invarianti e verificare ch'essi fanno soltanto
intervenire elementi differenziali d'ordine $\leq n$. Qui ci limi-
tiamo ad indicare che il riferimento non omogeneo più convenien
te è uno di quelli che hanno O come origine, gli assi $x_1, x_2, \ldots$
$\ldots, x_r$ come rette indipendenti per O scelte ordinatamente negli
spazi $S_1, S_2, \ldots, S_r$; gli assi $x_{r+1}, x_{r+2}, \ldots, x_n$ come rette indipendenti per O non giacenti in S_r e situate negli spazi $(r+1)$-
dimensionali lungo cui $S_{r+1}, S_{r+2}, \ldots, S_n$ ordinatamente segano

$S'_n = S_n$, $S'_{n-1}, \ldots, S'_{r+1}$. Con un siffatto riferimento, le equazioni di L,L' risultano del tipo:

$$\text{L)} \quad x_2 = \left\{ a_2 x_1^2 \right\}, \ldots, x_r = \left\{ a_r x_1^r \right\}, x_{r+1} = \left\{ a_{r+1} x_1^{r+1} \right\}, \ldots, x_n = \left\{ a_n x_1^n \right\},$$

$$\text{L')} \quad x_2 = \left\{ a'_2 x_1^2 \right\}, \ldots, x_r = \left\{ a'_r x_1^r \right\}, x_{r+1} = \left\{ a'_{r+1} x_1^n \right\}, \ldots, x_n = \left\{ a'_n x_1^{r+1} \right\},$$

e si ha semplicemente:

$$\mathfrak{I}_k = a_k / a'_k \qquad (k = 2,3,\ldots,r) ,$$

$$\mathfrak{I}_{ij} = \left(a_i / a'_i \right)^{n+r-2j+1} \Big/ \left(a_j / a'_j \right)^{n+r-2i+1} \qquad \left(\begin{array}{l} i,j = r+1,\ldots,n \\ i \neq j \end{array} \right)$$

20. <u>INVARIANTI PROIETTIVI DI CONTATTO DI CALOTTE DIFFERENZIALI.</u>

Le considerazioni dei nn.17-19 suggeriscono il problema generale di <u>determinare gli invarianti proiettivi di due o più elementi o calotte differenziali comunque situati in uno spazio proiettivo</u>. Si tratta di argomento complesso ed irto di casi particolari, attorno al quale hanno lavorato diversi Autori (specie il BOMPIANI: cfr. le NOTIZIE che seguono il n.25), ma su cui non è stata ancora detta l'ultima parola. Qui, più che altro a scopo illustrativo, ci limiteremo a considerare qualche caso ulteriore, abbastanza semplice eppure relativamente generale.

Consideriamo anzitutto, in un S_n proiettivo di dimensione n abbastanza elevata, due varietà analitiche, V_m, $\bar{V}_m$, della stessa dimensione $m \geq 2$; e supponiamo che queste s i t o c- c h i n o in un punto O, semplice per entrambe, nel quale ammettano uno stesso s p a z i o r-o s c u l a t o r e S_a ed uno stesso s p a z i o (r+1)-o s c u l a t o r e S_b

$(r \geq 1,\ m \leq a < b \leq n)$, di dimensioni a,b tali che la differenza
b-a abbia il valore r e g o l a r e

$$b - a = \binom{r + m}{r + 1}$$

Dimostreremo che gli intorni d'ordine r+1 del punto O
sulle $V_m, \bar{V}_m$ determinano intrinsecamente un'omografia nella stella di centro S_a situata in S_b, nonchè un insieme di coni algebrici di vertice O, aventi ordine r+1, dimensione m-1 e generalmente in numero di b-a, tutti situati nello spazio S_m tangente
in O alle $V_m, \bar{V}_m$. Da qui si deducono agevolmente rappresenta-
zioni canoniche di $V_m, \bar{V}_m$ nell'intorno di O, nonchè invarianti
proiettivi di contatto di $V_m, \bar{V}_m$ in O, questi ultimi venendo a
dipendere soltanto dagli intorni d'ordine r+1 ed essendo ottenibili quali invarianti proiettivi dell'omografia e dei coni
suddetti.

Tutto ciò si ricava senza difficoltà, usufruendo delle
seguenti considerazioni. Riferiamoci ad un qualunque S_{b-1} di S_b
passante per S_a. Allora, se b=n, questo risulta un iperpiano
S_{n-1} di S_n; mentre che, se b < n, un tale S_{b-1} può venir
segato su S_b (in infiniti modi) da un S_{n+1} di S_n – passante per
S_n ma non per S_b – e viceversa. Sia nell'uno che nell'altro
caso, l'S_{n-1} in questione sega V_m lungo una V_{m-1} avente in O
un punto di esatta molteplicità r+1: ed il c o n o K a questa
tangente in O è una V_{m-1}^{r+1} a l g e b r i c a , situata nell'S_m
tangente in O a V_m, la quale dipende soltanto da S_{b-1} (e non
da S_{n-1} se n > b). Quando S_{b-1} descrive il sistema lineare
∞^{b-a-1} formato dagli iperpiani di S_b passanti per S_a, il cono
K varia in S_m entro la stella di centro O, descrivendo un sistema lineare o m o g r a f i c o al sistema suddetto , e quindi
avente esso pure dimensione b-a-1. In virtù dell'ipotesi fatta
sulla differenza b-a, l'insieme dei coni K coincide col siste-

ma lineare di t u t t e le V_{m-1}^{r+1} di quella stella. Pertanto
i due sistemi lineari considerati sono perfettamente definiti
dalla sola conoscenza di O, S_m, S_a, S_b; e, fra essi, la data
V_m induce una determinata omografia (non degenere). Un'analoga omografia fra quelli resta parimenti definita da $\bar{V}_m$. Basta
allora moltiplicare la prima di queste omografie per l'inversa
della seconda, per ottenere – nella stella di centro S_a situata in S_b – un'o m o g r a f i a $\ominus$ non degenere, i cui b–a–1
invarianti proiettivi forniscono altrettanti i n v a r i a n t i
p r o i e t t i v i, relativi agli intorni d'ordine r+1 di centro O sulle $V_m, \bar{V}_m$.

A ciascuno degli S_{b-1} uniti della $\ominus$ (i quali risultano
generalmente in numero di b–a), sia l'una che l'altra delle due
omografie inizialmente considerate associa in S_m un m e d e -
s i m o V_{m-1}^{r+1} c o n o di vertice O. Ed i coni così definiti
risultano essi pure manifestamente l e g a t i , i n   m o d o
i n t r i n s e c o a quegli intorni.

Consideriamo, in secondo luogo, due varietà analitiche
$V_m, \bar{V}_m$ di S_n che, per s=1,2,...,k (ove k $\geq$ 2), ammettano in un
punto O, semplice per entrambe, u n m e d e s i m o   spazio
s-osculatore, S_{d_s}, il quale abbia dimensione regolare

$$d_s = \binom{m+s}{s} - 1 .$$

Si potranno allora applicare k–1 volte i precedenti risultati
alle V_m, $\bar{V}_m$, assumendo per r in quanto sopra uno qualunque dei
numeri r=1,2,...,k–1; ciò viene intanto a fornire un certo
numero di invarianti e covarianti proiettivi, dipendenti dagli
intorni degli ordini 2,3,...,k di O sulle $V_m, \bar{V}_m$. Dimostreremo
che:

<u>Ciascuno di questi intorni ammette un ulteriore invarian-
te proiettivo, il che complessivamente porge k–1 i n v a r i a n-
t i p r o i e t t i v i d i c o n t a t t o, indipendenti
fra loro e da quelli dianzi ottenuti.</u>

I nuovi i n v a r i a n t i possono venir introdotti con la seguente costruzione. Scegliamo in S_n uno qualunque degli infiniti S_{n-m-k} che, per s=1,2,...,k, segano S_{d_s} lungo uno spazio S_{d_s-m-s}, di dimensione d_s-m-s e non lungo uno spazio di dimensione maggiore; proiettiamo quindi V_m e $\bar{V}_m$ da tale S_{n-m-k} su di un generico S_{m+k-1}. Otteniamo così due varietà proiezioni, V'_m e $\bar{V}'_m$, le quali passano semplicemente per il punto O' proiezione di O, avendo ivi - per s=1,2,...,k - un medesimo spazio s-osculatore, di dimensione m+s-1. Scegliamo ora V'_m e $\bar{V}'_m$ con un generico S_k di S_{m+k-1} passante per O'. Otteniamo così in S_k due curve sezioni aventi in O' un punto semplice ordinario, con gli stessi spazi osculatori di dimensione 1,2,.. ..,k-1: e queste curve, a norma del n.17, posseggono in O' k-1 invarianti proiettivi, $\mathfrak{I}_\tau$, dipendenti dagli intorni d'ordine r per r=2,3,...,k.

Se non si usano speciali avvertenze nella scelta dei suddetti spazi S_{n-m-k}, S_k, il numero $\mathfrak{I}_\tau$ testè ottenuto verrà a dipendere da essi, oltrechè da V_m e $\bar{V}_m$. Si constata però che $\mathfrak{I}_\tau$ non muta al variare di quegli spazi, qualora si assoggetti il primo di essi all'ulteriore condizione di segare S_{d_r} secondo un S_{d_r-m-r} situato in uno degli S_{d_r-1} u n i t i nell'omografia $\ominus_\tau$ indotta da $V_m, \bar{V}_m$ nella stella di centro $S_{d_{r-1}}$ appartenente ad S_{d_r}, e ciò fornisce (per r=2,3,...,k) i nuovi k-1 i n - v a r i a n t i   p r o i e t t i v i di $V_m, \bar{V}_m$, quando per ciascuna delle $\ominus_\tau$ si sia fissato u n o dei suoi $S_{d_{r-1}}$ uniti. Mutando quest'ultima scelta si giunge ad altri invarianti, i quali risultano però dipendenti da quelli già ottenuti.

Un esempio semplice, pel quale con le precedenti notazioni valgono le n=5, m=2, k=2, si ottiene considerando in $\mathcal{S}_5$ due generiche calotte superficiali del 2° ordine fra loro tangenti. Relativamente a queste si deducono da ciò che precede le equazioni ridotte

$$\begin{cases} x_1 = \{ f_1(x_4, x_5) \} \\ x_2 = \{ f_2(x_4, x_5) \} \\ x_3 = \{ f_3(x_4, x_5) \} \end{cases} \qquad \& \qquad \begin{cases} x_1 = \{ c_1 f_1(x_4, x_5) \} \\ x_2 = \{ c_2 f_2(x_4, x_5) \} \\ x_3 = \{ c_3 f_3(x_4, x_5) \} \end{cases}$$

(dove le f sono forme quadratiche e le c costanti non nulle) nonchè sei invarianti proiettivi dati dalle c_1, c_2, c_3 e dai singoli birapporti delle quaterne $f_2 f_3 = 0$, $f_3 f_1 = 0$, $f_1 f_2 = 0$.

21. DUE APPLICAZIONI.

I risultati della presente Lezione e della Lezione prima possono venir ulteriormente approfonditi e collegati variamente fra loro mediante opportune considerazioni geometriche; essi si prestano altresì alla deduzione di nuovi invarianti differenziali, come ora mostreremo su due esempi.

Presa una qualunque trasformazione T di un S_n in sè ($n \geq 2$) la quale sia dotata di un punto fisso O, consideriamo d u e d i v e r s e   d i r e z i o n i   u n i t e , r_1 ed r_2, dell'omografia ad essa tangente in O (n.2); e denotiamo rispettivamente con λ_1 e con λ_2 i coefficienti di dilatazione di T in O secondo quelle direzioni.   Si può dimostrare che

Una curva L qualsiasi di S_n contenente O, che abbia in questo punto r_1 come retta tangente ed $r_1 r_2$ come piano osculatore, è mutata da T in una curva L' passante per O ed ivi (non solo tangente alla r_1, ma) o s c u l a n t e   i l   p i a n o $r_1 r_2$: ebbene, l'invariante $\mathcal{I}_2$ di MEHMKE-SEGRE delle L,L' in O (n.19) non dipende dalla L considerata, risultando precisamente uguale a $\lambda_1^2 : \lambda_2$

Scambiando in questo enunciato gli uffici di r_1 ed r_2 si ottiene un'interpretazione geometrica del rapporto $\lambda_2^2 : \lambda_1$, la quale - insieme alla precedente relativa a $\lambda_1^2 : \lambda_2$ - condu-

ce ad <u>esprimere gli invarianti di dilatazione di T in O mediante soli invarianti di MEHMKE-SEGRE</u>.

Consideriamo in secondo luogo, in un S_3 proiettivo, due
calotte superficiali del 2° ordine F_1, F_2, di cui rispettivamente denotiamo con P_1,P_2 i centri che supponiamo distinti, e
con π_1, π_2 i piani tangenti, pure distinti; facciamo inoltre
l'ipotesi che π_1 e π_2 si seghino lungo la retta, p, congiungente P_1 e P_2. E' questa notoriamente la situazione che
presentano le due falde focali di una c o n g r u e n z a d i
r e t t e, negli intorni dei loro punti di contatto con una generica retta della congruenza medesima.

Sia Q una qualunque - non specializzata - delle ∞^4 quadriche passanti per p che hanno π_1 e π_2 rispettivamente come
piani tangenti in P_2 e P_1; e denotiamo con F_2' la calotta secondo
cui la polarità rispetto a Q trasforma F_2. E' chiaro che F_2' ha
come centro P_1 e come relativo piano tangente π_1, sicchè si
può considerare l'invariante di MEHMKE-SEGRE delle F_1,F_2'. Ebbene si constata che

<u>Questo invariante n o n   m u t a al variare della qua-
drica Q dianzi fissata,</u> <u>ed anche scambiando in ciò che precede
gli uffici di F_1 ed F_2</u>, sicchè esso è un <u>invariante proiettivo
delle date calotte F_1,F_2, definito simmetricamente da queste.</u>

Si ottiene così una semplice interpretazione proiettiva
per un noto <u>invariante proiettivo di una congruenza di rette
di S_3</u>.

22. <u>INTORNO A CERTE VARIETA' LUOGHI DI QUADRICHE.</u>

La nozione   elementare di b i r a p p o r t o è ripetutamente intervenuta in modo essenziale in vari dei precedenti sviluppi differenziali (cfr. ad esempio i nn.3,17,19); essa
entrava però sempre ivi in considerazioni aventi un certo carattere locale: mentre invece un'estensione vera e propria di quel-

la nozione al campo differenziale dovrebbe possibilmente essere
applicabile ad elementi non soggeti ad alcuna relazione di vici-
nanza . Mostreremo nei numeri successivi come un'estensione di
quest'ultimo tipo possa venir di fatto intrinsecamente raggiun-
ta, in casi abbastanza estesi, nell'ambito di vari indirizzi
differenziali (proiettivo, conforme, ecc.).

A tale scopo, consideriamo, dapprima in un S_n proiettivo
- di dimensione n ≥ 3 - una qualunque quadrica, Q, ed un sistema ∞^1 (di classe C^1) di spazi subordinati S_{k+1} $(1 \leq k \leq n-2)$,
il generico dei quali non tocchi Q, e anzi incontri Q secondo
una V_k^2 non specializzata. Si ha così un <u>sistema ∞^1 Σ , di</u>
<u>V_k^2 n on s p e c i a l i z z a t e tracciate su Q</u>. Ad esso
possiamo coordinare intrinsecamente un sistema ∞^k di linee, che
diremo <u>associate a Σ</u> , caratterizzate dalle seguenti due
proprietà:1^a) ogni linea associata giace per intero sulla varie-
tà W_{k+1} riempita dalle ∞^1 V_k^2 di Σ ; 2^a) gli spazi tangenti
ad una V_k^2 e ad una linea associata in un punto ad essi comune
risultano sempre fra loro c o n i u g a t i rispetto a Q.

E' chiaro che per un generico punto P di W_{k+1} passa una
ed una sola linea associata, la relativa tangente in P essendo
univocamente determinata dalle condizioni 1^a) e 2^a). Ci proponiamo di dimostrare (con un ragionamento infinitesimale sinteti-
co che potrebbe però rendersi completamente rigoroso:cfr.
B.SEGRE $\lfloor 67 \rfloor$,nn.19,22) che:

<u>Due V_k^2 qualsiansi di Σ risultano sempre p u n t e g -</u>
<u>g i a t e p r o i e t t i v a m e n t e dalle ∞^k linee asso-</u>
<u>ciate a Σ</u> .

Basterà stabilire questo risultato nel caso di d u e V_k^2
i n f i n i t a m e n t e v i c i n e. Dopo di ciò, infatti,
esso seguirà senz'altro per d u e V_k^2 a d i s t a n z a
f i n i t a - mediante processo d'integrazione - la proiettività
fra queste ultime risultando determinata come prodotto delle in-

finite proiettività infinitesime che successivamente si hanno
fra due consecutive V_k^2 variabili di Σ , intermedie fra le prime due.

Consideriamo, per lo scopo da raggiungere, una generica
V_k^2 di Σ , e denotiamo con $\overline{V}_k^2$ la quadrica di Σ ad essa infinitamente vicina e rispettivamente con S_{k+1}, $\overline{S}_{k+1}$ gli spazi di
appartenenza di V_k^2, $\overline{V}_k^2$. Poichè per ipotesi V_k^2 non è specializzata, così S_{k+1} non tocca Q e, rispetto a questa quadrica,
ammette un determinato S_{n-k-2} p o l a r e , s g h e m b o
c o n e s s o (e quindi pure s g h e m b o c o n S_{k+1}, che
è infinitamente prossimo ad S_{k+1}).

Fissato comunque un punto P di V_k^2, le rette tangenti in P
a Q e coniugate - rispetto a questa quadrica - dell'S_k tangente
in P alla V_k^2, sono precisamente le ∞^{n-k-2} rette congiungenti P
ai singoli punti di S_{n-k-2};   fra tali rette ve n'è una ed una
sola appoggiata ad $\overline{S}_{k+1}$, data dall'intersezione degli spazi
P S_{n-k-2}, P $\overline{S}_{k+1}$; e questa - per la definizione stedsa delle
linee associate - risulta la tangente in P alla linea associata
a Σ che passa per P. Si può quindi dire, col linguaggio infinitesimale, che la corrispondenza puntuale posta fra V_k^2 e
$\overline{V}_k^2$ dalle ∞^k linee associate a Σ resta subordinata dalla
p r o s p e t t i v i t à d i c e n t r o S_{n-k-2} fra i relativi spazi S_{k+1} ed $\overline{S}_{k+1}$ (sghembi con quello); e ciò basta per
provare l'asserto.

L'omografia indotta - come s'è visto - dalle ∞^k linee associate a Σ fra due V_k^2 di Σ , risulta subordinata fra queste
da una ben determinata omografia fra i relativi spazi di appartenenza; ed è chiaro che, se S_{k+1}, S'_{k+1} S''_{k+1} sono tre di tali
spazi, l'omografia fra S_{k+1} ed S''_{k+1} non è che il prodotto del-

l'omografia fra S_{k+1} ed S'_{k+1} per quella fra S'_{k+1} ed S''_{k+1}. Possiamo quindi considerare la t r a i e t t o r i a delle omogra-
fie fra le diverse coppie di S_{k+1}: si tratta di ∞^{k+1} curve

riempienti la varietà (k+2)-dimensionale generata dagli ∞^1 S_{k+1}, e che chiameremo le __linee associate__ al sistema Ω da questi formato. Fra esse vi sono le ∞^k linee associate a Σ ; ed è chiaro che una linea L associata ad Ω risulta associata a Σ se, e soltanto se, L giace interamente su Q, il che ha certamente luogo nell'ipotesi che L abbia un punto a comune con Q.

In base al penultimo capoverso, l'omografia indotta dalle linee associate ad Ω fra due spazi S_{k+1}, $\bar{S}_{k+1}$ consecutivi di questo sistema è una p r o s p e t t i v i t à, ed ammette quindi lo spazio S_r intersezione di S_{k+1}, $\bar{S}_{k+1}$ come luogo di punti uniti. Ha particolare interesse il caso in cui - per ogni posizione di S_{k+1} - si abbia r = k, quando cioè Ω consti degli S_{k+1} di una sviluppabile (e casi limiti) il che ha sempre luogo se k = n-2. Nella suddetta ipotesi r=k, e per ogni h=1,2,...,k, due generici spazi S_h,$\bar{S}_h$ di S_{k+1}, $\bar{S}_{k+1}$ fra loro omologhi nella prospettività testè considerata si incontrano lungo uno spazio di dimensione h-1, dato precisamente dall'intersezione (entro S_{k+1}) di S_h ed $S_r = S_k$. Ne discende che:

__Assegnati in un S_n una qualunque quadrica Q ed un sistema__ Ω __formato da ∞^1 spazi S_{k+1} ($1 \leq k \leq n-2$), generalmente non tangenti a Q, sulla varietà (k+2)-dimensionale generata da__ Ω __restano intrinsecamente definite ∞^{k+1} l i n e e   a s s o c i a t e, le quali punteggiano proiettivamente gli S_{k+1} di__ Ω . __La generica di queste linee non ha punti a comune con Q, ma ∞^k fra esse giacciono per intero su Q. Nell'ipotesi in cui__ Ω __consti degli S_{k+1} di una sviluppabile, h+1 linee associate generiche (ove h = 1,2,...,k) determinano sui vari S_{k+1} di__ Ω __gruppi di h+1 punti congiunti da S_h generanti essi pure una sviluppabile; e lo spigolo di regresso di questa giace sulla varietà riempita dagli spazi (k-h+1)-dimensionali osculanti lo spigolo di regresso di__ Ω .

23. LA NOZIONE DI BIRAPPORTO SU CERTE SUPERFICIE.

Otterremo una risposta parziale alla questione di cui al primo capoverso del n.22, deducendola dai risultati che si hanno dallo stesso n.22 nel caso particolare in cui si assuma k=1. In quest'ipotesi, una V_k^2 è una conica (irriducibile), sulla quale quattro punti qualsiansi determinano nel modo ben noto un b i r a p p o r t o; dal punto di vista analitico, si ha che i punti di $V_k^2 = V_1^2$ si possono porre in corrispondenza biunivoca coi valori di un parametro, definito a meno di una sostituzione lineare fratta e detto c o o r d i n a t a p r o i e t t i v a - in guisa che il birapporto di quattro punti di V_1^2 uguagli sempre il birapporto delle quattro corrispondenti coordinate proiettive. Avuto riguardo al primo teorema del n.22, possiamo quindi dire che:

Se una superficie luogo di ∞^1 coniche (generalmente irriducibili) è immersa in una quadrica di S_n ($n \geq 3$), senza che i piani delle coniche stiano su questa, è sempre possibile di introdurre per i punti della superficie coordinate curvilinee (u,v), tali che le linee u=cost. e le v=cost. siano rispettivamente le coniche suddette e le linee ad esse associate, il parametro v avendo inoltre significato di coordinata proiettiva su ciascuna conica u=cost.

Di quattro punti $P_1(u_1,v_1)$, $P_2(u_2,v_2)$, $P_3(u_3,v_3)$, $P_4(u_4,v_4)$ di una superficie siffatta tali che tre di essi non giacciano su di una stessa linea associata, si può quindi definire intrinsecamente il birapporto $(P_1P_2P_3P_4)$, ponendo:

$$(P_1P_2P_3P_4) = (v_1v_2v_3v_4) .$$

Ciò val quanto assumere

$$(P_1P_2P_3P_4) = (P_1'P_2'P_3'P_4'),$$

dove P_1', P_2', P_3', P_4' denotano i punti ove le linee associate passanti per P_1,P_2,P_3,P_4 incontrano una q u a l u n q u e delle

∞^1 coniche della superficie.

I risultati precedenti possono venir completati provando che:

Su di una qualunque superficie del tipo anzidetto, la determinazione delle linee associate può farsi dipendere dall'integrazione di un'equazione di RICCATI. Le coniche della superficie fanno parte di un sistema doppio coniugato (o rete) se, e soltanto se, due qualunque consecutive di esse hanno due punti in comune (distinti o coincidenti). In tal caso, l'altra famiglia della rete è data precisamente dalle linee associate e la rete ha un invariante nullo, in modo che la trasformata di LAPLACE della rete secondo queste linee degenera in una curva.

Introduciamo ora una prima particolarizzazione, assumendo $n=5$; ed interpretiamo la quadrica di S_5 - supposta non degenere - contenente una superficie di quel tipo come quadrica rappresentatrice (al modo di PLUCHER-KLEIN) della totalità delle rette di S_3. In base alle note proprietà di questa rappresentazione, da quanto sopra si ha tosto che:

Se una congruenza di raggi di S_3 consta di ∞^1 schiere rigate, le sue ∞^2 rette possono anche venir distribuite secondo ∞^1 rigate - a s s o c i a t e alle schiere suddette - caratterizzate dalla proprietà di segare queste ultime a r m o n i - c a m e n t e (si ricordi che si dica che due rigate di S_3 si segano armonicamente lungo una comune generatrice, p, se è i n - v o l u t o r i a la proiettività in cui si corrispondono due punti di p nei quali le due rigate ammettano uno stesso piano tangente, ciò equivalendo altresì alla proprietà duale). Tali rigate si determinano analiticamente integrando un'equazione di RICCATI, e godono della proprietà di subordinare una corrispondanza p r o i e t t i v a fra due qualunque schiere rigate della congruenza, il che permette di definire intrinsecamente il

<u>b i r a p p o r t o</u> di quattro rette generiche della <u>congruen-</u>
<u>za.</u>

Fra le congruenze di rette del tipo suddetto, vi sono in
particolare le congruenze W a falde focali rigate. Le ultime
sono precisamente le congruenze di rette di S_3 costituite da
∞^1 schiere rigate, per le quali le curve di contatto di tali
schiere con entrambe le falde focali della congruenza risultino
asintotiche. Queste asintotiche sono allora rettilinee; e le
rimanenti asintotiche vengono pure a corrispondersi fra loro sul
le due falde focali, risultando le curve di contatto con le
rigate della congruenza associate alle ∞^1 schiere rigate.

Una qualunque r i g a t a R n o n s v i l u p p a-
b i l e di S_3 definisce intrinsecamente una congruenza di rette, il cui tipo risulta un'ulteriore particolarizzazione di quello cui si riferisce l'ultimo capoverso. Tale congruenza c o n-
t i e n e l a r i g a t a R, ed è precisamente costituita dalle ∞^1 schiere rigate o s c u l a n t i R lungo le varie sue
generatrici. E' noto infatti che le due falde focali della suddetta congruenza non sono altro che le r.i g a t e f l e c n o
d a l i della R (ossia i luoghi delle tangenti quadripuntè di
R).

Le rigate associate a quelle ∞^1 schiere rigate sono ∞^1
superficie rigate p r o i e t t i v a m e n t e l e g a t e
ad R, dette le <u>evolventi</u> della R, ottenibili integrando un'equazione di RICCATI. Esse permettono di definire intrinsecamente
il <u>birapporto</u> di quattro generatrici qualsiansi della R, e dànno
anche il modo di far dipendere le generatrici di R dai valori
di una <u>coordinata proiettiva</u>, e cioè di un paràmetro determinato
intrinsecamente da R a meno di una sostituzione lineare fratta.

24. APPLICAZIONI A VARI RAMI DI GEOMETRIA DIFFERENZIALE.

I risultati dei nn.22,23 possono venir utilizzati variamente in geometria differenziale; e di ciò daremo nel presente numero alcuni rapidi esempi.

In un S_3 proiettivo consideriamo una curva, C, e supponiamo di poter associare intrinsecamente una retta p ad ogni
punto P di C in modo che la rigata R descritta da P non sia sviluppabile. Ne seguirà la definizione intrinseca di una c o o r
d i n a t a p r o i e t t i v a per i punti P di C, data
dall'analoga coordinata per le generatrici p di R (n.23), il che
equivarrà ad introdurre la nozione di b i r a p p o r t o per
quattro punti di C. Ciò potrà venir effettuato in più modi, in
corrispondenza alle varie scelte possibili per la retta p: ed il
raffronto fra le diverse nozioni di birapporto così ottenibili,
fornirà interessanti proprietà proiettive della C. Si potrà
ad esempio assumere p come la congiungente di P con uno dei due
punti di HALPHEN o col punto di SANNIA relativi al punto P di
C (ved. FUBINI-CECH $\left[30\right]$, pp.42-43); ecc., ecc.

Lasciamo al Lettore di sviluppare qualcuna delle ricerche suggerite da ciò che precede. Qui ci limiteremo ad aggiungere un'osservazione, che utilizzeremo poi (almeno in parte)
nella seguente Lezione, relativa al caso in cui C sia immersa
in una data superficie, F. Si potrà allora anche prendere come
retta p una qualunque delle rette definite intrinsecamente da
un intorno di P su F (tangenti asintotiche, normale proiettiva,
spigolo di Green, ecc.); ed è chiaro che la corrispondente nozione di b i r a p p o r t o verrà a dipendere non tanto da
F, quanto dalla geometria proiettiva della C considerata come
curva di F.

Altre applicazioni seguono facilmente dal teorema finale
del n.22. Un primo esempio concerne un qualunque sistema ∞^1 di
complessi lineari non speciali di rette di uno spazio ordinario;

quel teorema dà infatti subito tutto un **insieme** di proprietà relative ad un sistema siffatto, ottenibili come al n.23 utilizzando convenientemente la rappresentazione di PLUCHER-KLEIN
(cfr.B.SEGRE$\left[6\,7\right.$,n.25$\left.\right]$).

Un secondo esempio, avente vasta portata e che converrebbe
approfondire,ulteriormente si ottiene assumendo la quadrica
ed il sistema Ω , a cui si riferisce ál teorema,finale del
n.22, rispettivamente come assoluto di una geometria non eucli-
dea di S_n e come insieme ∞^1 di spazi S_{k+1} tangenti ad una data
X_{k+1} nei punti di una sua curva generica. Posto h=k+1, si vede
così fra l'altro che:

La geometria di un qualunque spazio non euclideo, di dimensione n $\geqslant$ 3, induce intrinsecamente una c o n n e s s i o -
n e n o n e u c l i d e a sopra una qualunque sottovarietà
propria non isotropa di tale spazio, avente dimensione h $\geqslant$ 2.

Il caso delle curve, il quale non rientra in questo enunciato, può venire trattato sfruttando ancora il teorema del
n.22, attraverso la considerazione delle quadriche segate dal-
l'assoluto sui loro S_{k+1} osculatori.

Applicazioni d'altro tipo si hanno infine particolarizzan-
do la quadrica di S_n - a cui si riferiscono i nn.22,23 - in una
(n-1)-s f e r a ; proiettando questa stereograficamente su di
un E_{n-1} euclideo, ed utilizzando proprietà ben note di siffatta
proiezione, si ottengono così subito i seguenti risultati (nei
quali, abbiamo scritto n in luogo di n-1).

Su di una qualunque superficie F appartenente ad un E_n
euclideo (n $\geqslant$ 2) e contenente ∞^1 c i r c o n f e r e n z e, le
traiettorie ortogonali di queste si determinano integrando un'e-
quazione di RICCATI, e stabiliscono fra due arbitrarie di esse un
riferimento che risulta sempre p r o i e t t i v o .

Le traiettorie **ortogonali** di un qualunque sistema ∞^1 di k-sfere di E_n ($2 \leq k \leq n-1$) stabiliscono fra due qualunque di esse un riferimento (omografico), ossia conforme.

I riferimenti considerati in questi due teoremi godono di ulteriori notevoli proprietà, conseguenze dell'ultima parte del teorema finale del n.22, che però non stiamo qui ad enunciare. Aggiungiamo invece che il primo di quei due teoremi permette di definire in modo ovvio (cfr.il n.23) il b i r a p p o r t o di quattro punti di F, tale nozione risultando così invariante di fronte alle affinità circolari di Moebius del piano se n=2 e rispetto alle trasformazioni conformi se n $>$ 2. Ne consegue la definizione di b i r a p p o r t o di quattro punti di una qualunque curva C di E_n, (che non sia una linea minima), data dall'applicazione di quel teorema alla superficie luogo degli ∞^1 cerchi osculatori di C; definizione che ha manifestamente significato intrinseco rispettivamente nella g e o m e t r i a c i r c o l a r e del piano e nella g e o m e t r i a c o n f o r m e di E_n.

25. ALCUNE ESTENSIONI.

Mostreremo ora come sia possibile di estendere ulteriormente i risultati dei nn.22-24 in varie direzioni. A tal sopo, richiamiamo anzitutto alcune semplici proprietà di geometria proiettiva.

Due coniche irriducibili situate in piani distinti che si t o c c h i n o in un punto, risultano fra loro p r o s p e t t i v e in uno ed un sol modo; la prospettività in questione muta in sè il loro punto di contatto, ed associa due loro punti distinti da questo se, e soltanto se, le tangenti in essi si incontrano sulla tangente comune alle due coniche, la quale risulta così il luogo dei punti uniti della prospettività.

Ciò premesso, in un S_n di dimensione $n \geqslant 3$ consideriamo ∞^1 coniche osculanti una curva non piana nei vari suoi punti. Due consecutive fra quelle risultano allora situate nel modo contemplato nel precedente capoverso; sicchè, applicando le proprietà ivi indicate e con argomentazioni analoghe a quelle adoperate nei nn.22,23, si vede che:

∞^1 coniche osculanti una curva C non piana definiscono intrinsecamente ∞^1 linee ad esse a s s o c i a t e , caratteriz zate dalla proprietà di costituire con quelle una r e t e . Le tangenti alle linee associate nei punti di una conica generano sempre un cono quadrico, sicchè la trasformata di LAPLACE di tale rete nel senso delle linee associate risulta d e g e n e r e .   Due linee associate qualsiansi sono punteggiate dalle coniche in guisa che le rette congiungenti le varie coppie di punti omologhi generano una rigata s v i l u p p a b i l e; e lo spigolo di regresso di questa giace sulla rigata formata dalle tangenti di C. Si ha inoltre che le linee associate punteggiano le coniche p r o i e t t i v a m e n t e : ciò fornisce senz'altro una definizione proiettivamente invariante del b i r a p p o r t o di quattro punti generici della superficie riempita dalle ∞^1 coniche, e quindi pure - in particolare - di quattro punti della curva C.

In base al precedente teorema, per definire intrinsecamente il b i r a p p o r t o di quattro punti di una curva C di un S_n proiettivo $(n \geqslant 2)$, basta associare - in guisa proiettivamente invariante - al generico punto P di C una c o n i c a i v i o s c u l a t r i c e a l l a C. A ciò si perviene nel modo più semplice così. Se n ($\geqslant$ 3) è la dimensione dello spazio di appartenenza della C, esiste in S_n una ed una sola c u r v a r a z i o n a l e n o r m a l e , Γ_P , passante per P e per altri n+2 punti successivi a P sulla C; ebbene, gli ∞^1 iperpiani osculatori a Γ_P incontrano il piano π osculatore a C in P lun-

go le rette, le quali inviluppano una conica che ha i requisiti
voluti (la conica richiesta si ottiene così in π come luogo
delle tracce su questo piano dei vari S_{n-2} osculatori di Γ_ρ).

I risultati dianzi acquisiti possono facilmente venir estesi ancor più, col servirsi - in luogo delle proprietà elementari richiamate nel secondo capoverso del presente numero - delle
seguenti loro generalizzazioni.

Fissati comunque due interi k,n soddisfacenti alle $1 \leq k \leq n-2$,
consideriamo in un S_n d u e   q u a d r i c h e k-dimensionali,
V_k^2, $V_k'^2$, entrambe non degeneri, i cui spazi S_{k+1}, S_{k+1}' di apparten
nenza si seghino lungo un S_k il quale le incontri lungo u n a
s t e s s a q u a d r i c a, U_{k-1}^2. E' chiaro che quest'ultima
non può essere più di una volta specializzata. Quando U_{k-1}^2 è
semplicemente specializzata, esiste u n a   e d   u n a   s o l a
p r o s p e t t i v i t à fra S_{k+1}, S_{k+1}' che trasformi V_k^2 in
$V_k'^2$. Se invece U_{k-1}^2 non è specializzata, esistono esattamente
d u e   prospettività siffatte: i loro centri sono due punti
dell'S_{k+2} che congiunge gli spazi S_{k+1} ed S_{k+1}' , i quali formano g r u p p o   a r m o n i c o   con questi due. Ne consegue che,
se si fa tendere V_k' a V_k, e quindi S_{k+1}' ad S_{k+1}, uno di tali cen
tri verrà a cadere su S_{k+1}, mentre l'altro avrà una posizione limite generalmente non situata su S_{k+1}; col linguaggio infinitesimale, si può pertanto dire che, quando V_k^2 e $V_k'^2$ sono fra loro
infinitamente vicine, u n a   e   s o l t a n t o   u n a delle
due prospettività del caso generale risulta n o n   d e g e n e -
r e.

Avuto riguardo a ciò che precede, con argomentazioni analó-
ghe a quelle del n. 22 si dimostra il seguente teorema.

Sia W_{k+1} una qualunque varietà di S_n $(1 \leq k \leq n-2)$, che
risulti luogo di ∞^1 V_k^2 generalmente non specializzate, i cui
spazi di appartenenza siano gli S_{k+1} osculatori di una curva C

(o, più generalmente, costituiscano un sistema ∞^1 avente carattere di sviluppabile); supponiamo inoltre che ogni S_k osculatore di C non incontri W_{k+1} fuori della V^2_{k-1} secondo cui esso sega la V^2_k giacente nell'S_{k+1} osculatore che lo contiene. Allora sulla W_{k+1} resta definito un sistema ∞^k di l i n e e   a s s o c i a t e , caratterizzato dalla proprietà che le tangenti a queste linee nei punti di una V^2_k formano un cono quadrico (di dimensione k+1). Ebbene, le ∞^1 V^2_k di W_{k+1} risultano punteggiate p r o i e t t i v a m e n t e dalle ∞^k linee associate.

Ciò fa sì che il sistema generato da queste ultime possa venir ampliato (in uno ed un sol modo) secondo un sistema ∞^{k+1} di curve tracciate sulla varietà riempita dai suddetti S_{k+1} ed istituenti fra due qualsiansi di questi una corrispondenza o m o g r a f i c a. Se consideriamo h+1 generiche di dette curve (taluna delle quali potrà anche in particolare essere una linea associata), ove h abbia uno qualunque dei valori 1,2,....,k, i gruppi di h+1 punti da esse determinati sui vari S_k sono congiunti da S_h formanti una sviluppabile, il cui spigolo di regresso giace sulla varietà luogo degli spazi (k-h+1)-osculatori della C.

Dai risultati precedenti possono venir tratte conseguenze molteplici, sulle quali qui non ci soffermiamo. Taluno fra i suddetti risultati dovrebbe inoltre essere trasportabile - con adeguate modifiche - a varietà (generalmente non algebriche) luoghi di infinite varietà algebriche soddisfacenti a condizioni opportune.

NOTIZIE STORICHE E BIBLIOGRAFICHE.

Gli invarianti J_i, di cui al n.17, sono stati introdotti da B.SEGRE [61], al quale debbonsi le varie proprietà qui esposte nei nn.17,18; ved.altresì VESENTINI [100]. Un caso specialissimo di tali invarianti era stato anteriormente considerato da

C.SEGRE $[81]$. Sull'argomento ved.inoltre SU $[91]$, al quale devesi
una definizione degli invarianti $\mathfrak{I}_2$, $\mathfrak{I}_3$,...., $\mathfrak{I}_k$, meno semplice di quella data qui al principio del n.19. Gli invarianti
 $\mathfrak{I}_{ij}$, di cui è detto in tale n.19, debbonsi a B.SEGRE $[72]$;
nel caso particolare r=1, essi trovansi altrimenti considerati
in HSIUNG $[38]$.

I risultati del n.20 sono di B.SEGRE $[43]$; precedentemente,
SU $[92]$ aveva ottenuto per via algoritmica i k-1 invarianti proietti
vi di contatto ivi introdotti nel penultimo capoverso, senza però assegnarne alcuna interpretazione geometrica.

Per i due esempi di cui al n.21, cfr.B.SEGRE $[66]$. L'invariante di una congruenza di rette di S_3, del quale è dato un significato proiettivo assai semplice alla fine del n.21, è stato
dapprima introdotto con procedimento metrico da WAELSCH $[101,102]$;
cfr.anche BUZANO $[20]$. Interpretazioni proiettive piuttosto com-
plicate trovansi in BOMPIANI $[7]$ e TERRACINI $[95]$.

Lo studio dei vari casi che possono presentare due calotte superficiali del 2° ordine nello spazio ordinario, con la
ricerca di un sistema c o m p l e t o d'invarianti proiettivi
e del significato metrico di questi, trovasi in BUZANO $[21]$;
cfr. altresì BOMPIANI $[14,15,17,18]$, al quale si debbono ulteriori estensioni ed approfondimenti in direzioni molteplici; Uno
dei meriti di quest'ultimo Autore è quello **di avere** introdotti
degli invarianti proiettivi i n f i n i t e s i m i   di elemen
ti differenziali, i quali gli sono serviti fra l'altro per una
suggestiva ricostruzione della geometria proiettivo-differenziale di una superficie nell'indirizzo di FUBINI: cfr. L'Appendice
II di FUBINI-CECH $[30]$ ed i lavori ivi citati, nonchè quanto
esposto appresso, al n.29.

I nn.22,24 riproducono - con ommissioni e varianti - i risultati contenuti in B.SEGRE $[67]$. Va però avvertito che l'intro
duzione delle e v o l v e n t i   di una rigata non sviluppabi-

le dello spazio ordinario, e la conseguente definizione del
b i r a p p o r t o di quattro generatrici della rigata (N.23),
erano state precedentemente ottenute da E.CARTAN $[22]$, con metodo algoritmico diretto. Inoltre la penultima proposizione del
n.24, nel caso particolare delle superficie dello spazio ordinario, trovasi già in DARBOUX $[25$, p.145$]$ e B.SEGRE $[57]$; il
secondo di questi lavori dà pure l'ultima proposizione nel caso
dello spazio ordinario, assieme alle ulteriori proprietà di cui
è fatto cenno nel capoverso che segue l'enunciato di quella.

Va rilevato che, quando si parla di "birapporto" di quattro punti di una curva, non si deve con ciò intendere un qualunque "invariante" della quaterna di punti e della curva (come p.es.
fa MARLETTA $[50]$: cfr. al riguardo BOMPIANI $[16]$); invero l'invariante che si ricava dev'esser tale che, se si prendono sulla
curva cinque punti qualsiansi, fra gli invarianti relativi alle
varie quaterne con essi formate abbiano ad intercedere le stesse
relazioni che valgono per gli ordinari birapporti delle analoghe quaterne determinate da cinque punti di una retta. La definizione di un birapporto generalizzato così inteso, equivale al-
l'introduzione sulla curva di una "coordinata proiettiva" (nel
senso attribuito a quest'espressione nel n.23), e cioè di un parametro che abbia significato intrinseco e sia determinato precisamente a meno di una sostituzione lineare fratta. Da questo
punto di vista , il problema risulta strettamente legato a quello della n o r m a l i z z a z i o n e delle equazioni differenziali ordinarie, trattato da LAGUERRE e FORSYTH in ricerche
ben note; il legame fra i due problemi è stato compiutamente approfondito in WILCZYNSKI $[104]$ e specialmente in BOMPIANI $[9$,$10]$
ove trovansi stabilite per via analitica le conseguenze tratte
nel n.25 dal più generale primo teorema dello stesso n.25.

Tutti i rimanenti risultati del n.25 compaiono qui per la
prima volta.

LEZIONE QUARTA

LINEE PRINCIPALI E LINEE PROIETTIVE DI UNA SUPERFICIE ED ALCUNE APPLICAZIONI.

Applicando vari dei risultati della precedente Lezione, introdurremo qui - sopra una qualunque superficie sviluppabile dello spazio - certi notevoli **sistemi di curve**, lo studio dei quali ci condurrà ad un approfondimento della teoria proiettivo-differenziale delle superficie.

26. RICHIAMI DI GEOMETRIA PROIETTIVA DIFFERENZIALE.

Incominciamo col richiamare alcuni risultati classici di geometria proiettiva differenziale $\Big\{$ per i quali cfr. FUBINI-CECH $\big[30\big], \S 16$ A),D) e pp.99, 141, ed anche appresso il n.29 $\Big\}$.

Una s u p e r f i c i e F di un S_3 proiettivo può venir definita dando le coordinate omogenee di un punto $x=(x_1,x_2,x_3,x_4)$ variabile su essa, in funzione di due parametri u,v che così fungeranno su F da coordinate curvilinee interne. Noi supporremo F n o n s v i l u p p a b i l e, sicchè si potranno assumere le asintotiche di F come linee $u,v=$cost.(e ciò, implica che, se si vuol restare nel campo reale, ci si debba limitare ad una porzione di F a p u n t i i p e r b o l i c i). Allora le x_i soddisfanno ad un sistema differenziale, completamente integrabile, del tipo

$$(1) \quad x_{uu} = \theta_u x_u + \beta x_v + p_u x, \qquad x_{vv} = \gamma x_u + \theta_v x_v + p_v x;$$

e viceversa, ogni sistema siffatto determina una superficie F, riferita alle asintotiche, a meno di un'omografia.

Denotando con $\pm a^2$ il determinante

$$(2) \qquad \pm a^2 = (x \; x_u \; x_v \; x_{uv})$$

(ove il segno a primo membro sia quello del determinante stesso),
la funzione θ che figura nelle (1) verifica l'equazione

$$(3) \qquad e^\theta = |a|$$

Posto poi

$$F_2 = 2a \, du \, dv, \qquad F_3 = a\left(\beta \, du^3 + \gamma \, dv^3\right),$$

il rapporto F_3/F_2 risulta l'<u>elemento lineare proiettivo</u> della
F (secondo FUBINI). Le curve di F lungo cui si annulla la variazione prima dell'integrale di questo rapporto, sono gli integrali dell'equazione differenziale

$$(4) \qquad 2\left(\beta w^3 - \gamma\right) w' = \beta_u w^5 + 2\beta_v w^4 - 2\gamma_u w^2 - \gamma_v w,$$

dove, per abbreviare, abbiamo posto

$$(5) \qquad w = \frac{du}{dv}, \qquad w' = \frac{dw}{dv} = \frac{d^2 u}{dv^2}$$

e chiamansi le <u>pangeodetiche</u> della F $\Big\{$ Cfr. FUBINI-CECH $[30]$,
p.99 form. $(20)_{\text{ter}}$ e p.141, ove tuttavia la formula (4) vien data
con un fastidioso errore di segno $\Big\}$. Esse sono indeterminate se,
e soltanto se,(valgono le $\beta = \gamma = 0$, ossia) F è una quadrica;
altrimenti esse costituiscono un s i s t e m a ∞^2, c o v a -
r i a n t e sia di fronte alle omografie che alle reciprocità.

Se F non è rigata (e cioè se $\beta\gamma \neq 0$), le coordinate x si possono n o r m a r e (ossia alterare per un medesimo fattore, dato da un'opportuna funzione delle u,v), in guisa che risulti a= $\beta\gamma$; allora le F_2,F_3 si riducono alle **forme normali** di FUBINI, designate con φ_2, φ_3 .

In qualunque modo sia stato scelto il fattore di proporzionalità delle **x**, i piani tangenti di F possono venir definiti da coordinate plückeriane $\xi = (\xi_1, \xi_2, \xi_3, \xi_4)$ tali che si abbia

$$(6) \qquad (\xi\ \xi_u\ \xi_v\ \xi_{uv}) = (\varkappa\ \varkappa_u\ \varkappa_v\ \varkappa_{uv}) .$$

Allora le ξ sono gli integrali di un sistema perfettamente analogo ad (1), dato precisamente da

$$(7) \qquad \xi_{uu} = \theta_u\,\xi_u - \beta\,\xi_v + \pi_{11}\,\xi , \qquad \xi_{vv} = -\gamma\,\xi_u + \theta_v\,\xi_v + \pi_{22}\,\xi ,$$

dove

$$(8) \qquad \pi_{11} = p_{11} + \beta_v + \beta\theta_v , \qquad \pi_{22} = p_{22} + \gamma_u + \gamma\theta_u ;$$

conviene inoltre introdurre le quantità **autoduali**

$$(9) \qquad q_{11} = p_{11} + \pi_{11} = 2p_{11} + \beta_v + \beta\theta_v ,$$
$$q_{22} = p_{22} + \pi_{22} = 2p_{22} + \gamma_u + \gamma\theta_u .$$

Scambiando, se oscorre, la denominazione delle linee u,v e normando opportunamente le **x**, ci si può sempre ridurre ad avere

$$(10) \qquad (\varkappa\ \varkappa_u\ \varkappa_v\ \varkappa_{uv}) = 1/2 ;$$

allora le (2),(3),(9) porgono:

$$(11) \qquad a = \tfrac{1}{2}\sqrt{2} , \qquad \theta = -\tfrac{1}{2}\log 2 , \quad q_{11} = 2p_{11} + \beta_v , \quad q_{22} = 2p_{22} + \gamma_u .$$

Pertanto, nell'ipotesi che valga la (10), le condizioni d'integrabilità del sistema (1) riduconsi alle

$$(12) \quad \begin{cases} q_{11v} = 2\beta\gamma_u + \gamma\beta_u \, , \qquad q_{22u} = 2\gamma\beta_v + \beta\gamma_v \, , \\[2mm] \beta\, q_{22v} + 2 q_{22}\beta_v - \beta_{vvv} = \gamma q_{11v} + 2 q_{11}\gamma_u - \gamma_{uuu} \end{cases}$$

Comunque siano normate le x, e scelte le ξ in modo da
soddisfare la (6), l'equazione differenziale (4) delle pangeodetiche può venir posta sotto la forma

$$(13) \qquad \left(x \; dx \; d^2x \; d^3x \right) = \left(\xi \; d\xi \; d^2\xi \; d^3\xi \right)$$

il che permette di scrivere tale equazione in coordinate curvilinee (u,v) qualsiansi (anche non asintotiche). Va rilevato che,
sebbene la (13) $\Big[$ come la (4) $\Big]$ sia un'equazione differenziale
d e l 2° o r d i n e, ciascuna delle

$$(14) \qquad \left(x \; dx \; d^2x \; d^3x \right) = 0 \qquad\qquad \left(\xi \; d\xi \; d^2\xi \; d^3\xi \right) = 0$$

risulta un'equazione differenziale d e l 3° o r d i n e; le
curve integrali delle (14) sono rispettivamente le **sezioni piane** e (dualmente) le **linee coniche** della F.

27. <u>**DEFINIZIONE E PRIME PROPRIETA' DELLE LINEE PRINCIPALI E**</u>
     <u>**PROIETTIVE.**</u>

Ciò premesso, sia L una qualsiasi linea (non singolare) di
una superficie F non sviluppabile di S_3; e denotiamo con O un
qualunque suo punto, semplice sia per L che per F. Esiste allora
una ed una sola tra le ∞^3 linee coniche di F che passi per O e
per due punti di L successivi ad O. Detta C tale linea, è chiaro
che O risulta generalmente un punto semplice ordinario per

ciascuna delle due curve C,L, le quali inoltre posseggono in O
la stessa retta tangente e lo stesso piano osculatore. In virtù del 1° teorema del n.17, le C,L – prese in quest'ordine –
ammettono in O d u e invarianti proiettivi J_2, J_3, di noto
significato geometrico. Un facile calcolo, mostra che il primo di questi ha sempre il valore numerico 1; mentre il secondo –
che ora denoteremo semplicemente con J – in generale dipende effettivamente dagli intorni d e l 3° o r d i n e del punto O
sopra L ed F. Più precisamente, poggiando sugli sviluppi del
n.26 (del quale conserviamo le notazioni), e supposto com'è lecito che valga la (6), risulta:

$$(15) \qquad J = \frac{(\varkappa\; d\varkappa\; d^2\varkappa\; d^3\varkappa) - (\xi\; d\xi\; d^2\xi\; d^3\xi)}{(\varkappa\; d\varkappa\; d^2\varkappa\; d^3\varkappa)}$$

ove i differenziali vanno presi lungo la L ed il secondo membro
dev'esser naturalmente calcolato nel punto O. Dalla definizione
di J , od anche in base alla (15) ed al n.26, si ha che risulta J =0 per ogni linea L se, e soltanto se, F è una quadrica;
supporremo quindi, d'ora innanzi nel precedente numero, salvo
esplicito avviso in contrario, che F non sia una quadrica.

La forma stessa della (15) dimostra senz'altro l'invarianza proiettiva di J ; questa segue altresì ovviamente dal modo
stesso come inizialmente abbiamo introdotto J , il quale dà
già per J un semplice significato proiettivo, (ed anche se si
vuole, uno metrico in base al n.18).

Un analogo invariante proiettivo d'immersione di L in F si
ha tosto da ciò che precede per dualità, considerando cioè in
luogo di C la sezione piana di F che oscula L in O, ecc.ecc.
Detto J^* il nuovo invariante, del quale pure risulterà così noto
un semplice significato geometrico, in base alla (15) si avrà

$$(16) \qquad J^* = \frac{(\xi\; d\xi\; d^2\xi\; d^3\xi) - (\varkappa\; d\varkappa\; d^2\varkappa\; d^3\varkappa)}{(\xi\; d\xi\; d^2\xi\; d^3\xi)}$$

Fra i suddetti invarianti $\mathcal{J}$, $\mathcal{J}^*$ intercede la notevole relazione

$$(17) \qquad \mathcal{J}\,\mathcal{J}^* \;-\; \mathcal{J} \;-\; \mathcal{J}^* \;=\; 0$$

conseguenza immediata delle (15),(16). Di più, tenuto conto del significato geometrico delle (13),(14), si vede che le sezioni piane, le linee coniche e le pangeodetiche di F possono rispettivamente venir c a r a t t e r i z z a t e mediante le condizioni

$$\mathcal{J} = \infty \quad \left(\text{ossia }\mathcal{J}^*=1\right), \quad \mathcal{J} = 1 \left(\text{ossia } \mathcal{J}^*=\infty\right), \quad \mathcal{J} = 0 \left(\text{ossia }\mathcal{J}^*=0\right)$$

Il primo ed il secondo di questi tre risultati sono a priori evidenti, ordinatamente in base alle definizioni di $\mathcal{J}^*$ e di $\mathcal{J}$; il terzo risultato equivale a ciò che:

Una linea L di una superficie F è una pangeodetica se, e soltanto se, per ogni punto O di L la linea conica di F che ivi oscula L possiede in O un piano osculatore stazionario, e dualmente.

Più generalmente, in base alle (15)-(17), si ha subito che:

Se lungo una curva L di F uno degli invarianti $\mathcal{J}$, $\mathcal{J}^*$ si mantiene costante, lo stesso accade dell'altro. Viceversa, assegnati ad $\mathcal{J}$, $\mathcal{J}^*$ valori costanti non nulli soddisfacenti alla (17), esistono su F ∞^3 linee lungo cui $\mathcal{J}$ ed $\mathcal{J}^*$ assumono tali valori, date dalle curve L_k integrali dell'equazione fornita dalla

$$(18) \qquad \left(x \; dx \; d^2 x \; d^3 x \right) = k \left(\xi \; d\xi \; d^2\xi \; d^3\xi \right)$$

per quel valore k (costante $\neq 1$) tale che $J = (1-k)/k$, $J^* = 1-k$.

Una siffatta L_k verrà detta brevemente una *linea principale* d'indice k della F. Per ogni $k \neq 1$, le L_k formano su F un s i s t e m a ∞^3, chiaramente *covariante di fronte a tutte le omografie*; in particolare, le L_0 sono le sezioni piane e le L_∞ sono le linee coniche di F. Le linee L_1 – integrali dell'equazione fornita dalla (18) per k=1 – sono s o l t a n t o ∞^2, e coincidono precisamente con le pangeodetiche. In base alla (18), transformando F con una **qualunque** r e c i p r o c i t à ogni L_k mutasi in una $L_{1/k}$. Pertanto se, e soltanto se, k=1/k, il sistema delle L_k risulta *covariante sia di fronte alle omografie che di fronte alle reciprocità*; ciò ha quindi luogo per k=1, e cioè – come già si sapeva (n. 26) – per le pangeodetiche, e per k=-1, il che conduce ad un sistema ∞^3 di curve di F godente della suddetta proprietà di covarianza proiettiva; chiameremo *linee proiettive della F* le linee L_{-1} di tale sistema. E' chiaro, in base a ciò che precede, che:

Le linee proiettive di una superficie di S_3 (che non sia né una rigata sviluppabile né una quadrica) godono della proprietà caratteristica di avere l'invariante $J = 2$, od anche $J^* = 2$, ciò che porge per esse due diverse definizioni geometriche (fra loro mutualmente duali).

Aggiungasi che:

La totalità delle linee principali di una superficie di S_3 (che non sia né una rigata sviluppabile né una quadrica) risulta un sistema continuo ∞^4, esso pure covariante sia di fronte alle omografie che di fronte alle reciprocità.

Su di una q u a d r i c a, invece, le linee piane, coniche e proiettive riduconsi manifestamente ad un unico sistema ∞^3.

28. ULTERIORI PROPRIETA' DELLE LINEE ANZIDETTE.

Le proprietà precedentemente acquisite per le linee proiettive (n. 27), mettono già in luce l'importanza di queste nello studio delle superficie di S_3 di fronte al gruppo di tutte le proiettività. Ciò sarà confermato dalle ulteriori proprietà che ne daremo, in questo numero e nei numeri successivi.

Incominciamo da alcune considerazioni interessanti tanto dal punto di vista storico (ved. le <u>Notizie</u> successive al n. 33), quanto per i legami che ne seguiranno fra l'argomento della presente <u>Lezione</u> e quello della precedente, nonchè per gli utili sviluppi algoritmici a cui saremo così condotti.

Riferiamoci ad una superficie non sviluppabile F, che ora non escludiamo possa essere una quadrica e per la quale conserviamo le notazioni del n. 26, e consideriamo una curva L di F che non sia un'asintotica u=cost. Le tangenti asintotiche ad F – relative al sistema u=cost. – spiccate nei singoli punti di L, costituiscono allora una rigata R non sviluppabile contenente L. Usufruendo di questa e di ciò che s'è detto verso la fine del n. 23, possiamo quindi dare una p r i m a definizione intrinseca del b i r a p p o r t o di quattro punti di L, ossia introdurre su L un p a r a m e t r o   p r o i e t t i v o, t (definito a meno di una sostituzione lineare fratta invertibile a coefficienti costanti).

Allo scopo di determinare tale parametro t, assumiamo – com'è lecito – l'equazione interna di L su F nella forma

$$(19) \qquad\qquad v = v(u).$$

Allora la generatrice di R uscente dal punto x di L è la retta con<u>n</u>giungente i punti x ed x_v, e quindi, con notazioni evidenti, ha le coordinate plückeriane r_{ik} date da

$$r(u) = (x \, x_v) \; ,$$

dove nei secondi membri occorre esprimere v in funzione di u mediante la (19).

Da qui, derivando totalmente rispetto ad u ed usufruendo delle (1),(11), si ricava

$$\frac{d\tau}{du} = \left(x_u\, x_v\right) + \left(x\, x_{uv}\right) + \gamma\,\frac{dv}{du}\,\left(x\, x_u\right) ;$$

sicchè, tenuto conto delle (3),(11), risulta

$$\frac{d\tau_{12}}{du}\,\frac{d\tau_{34}}{du} + \frac{d\tau_{13}}{du}\,\frac{d\tau_{42}}{du} + \frac{d\tau_{14}}{du}\,\frac{d\tau_{23}}{du} = \frac{1}{2}\ .$$

Del pari, procedendo con una nuova derivazione e servendosi delle (1),(9),(11), si ottiene che è:

$$\frac{d^2\tau_{12}}{du^2}\,\frac{d^2\tau_{34}}{du^2} + \frac{d^2\tau_{13}}{du^2}\,\frac{d^2\tau_{42}}{du^2} + \frac{d^2\tau_{14}}{du^2}\,\frac{d^2\tau_{23}}{du^2} = -\frac{1}{2}\gamma^2\left(\frac{dv}{du}\right)^4 - 2\beta\gamma\,\frac{dv}{du} - q_{11} .$$

Basta quindi applicare i risultati di E.CARTAN $\begin{bmatrix}2\,2\end{bmatrix}$, per concludere che le varie determinazioni del parametro t suddetto sono precisamente gli integrali dell'equazione differenziale

$$(20)\qquad \Lambda\left(t,u\right) + \frac{1}{2}\gamma^2\left(\frac{dv}{du}\right)^4 + 2\beta\gamma\,\frac{dv}{du} + q_{11} = 0 ,$$

dove $\Lambda(t,u)$ sta per indicare lo schwarziano di t rispetto ad u:

$$\Lambda\left(t,u\right) = \frac{\dfrac{d^3 t}{du^3}}{\dfrac{dt}{du}} - \frac{3}{2}\left(\frac{\dfrac{d^2 t}{du^2}}{\dfrac{dt}{du}}\right)^2 .$$

In modo perfettamente analogo, se L non è un'asintotica $v=\text{cost.}$, si può considerare la rigata non sviluppabile formata dalle tangenti asintotiche ad F - relative al sistema $v=\text{cost.}$ - spiccate nei singoli punti di L. Ciò conduce ad una s e c o n d a definizione intrinseca del b i r a p p o r t o di quattro pun-

ti di L, ossia all'introduzione su L di un nuovo **p a r a m e t r o
p r o i e t t i v o**, τ . Questo è dato dall'equazione

$$(21) \qquad \Lambda(\tau, v) + \frac{1}{2}\beta^2\left(\frac{du}{dv}\right)^4 + 2\beta\gamma\frac{du}{dv} + q_{22} = 0$$

analoga alla (20), nella quale ora occorre naturalmente esprimere dappertutto u mediante v servendosi dell'equazione u= u(v)
ottenuta invertendo la (19).

Ciò premesso, ci proponiamo di dimostrare che:

Su di una superficie F non sviluppabile di S_3, le linee
proiettive godono della proprietà **c a r a t t e r i s t i c a**
che le due precedenti definizioni di birapporto-applicate ad una
loro quaterna qualsiasi - forniscono sempre valori identici. In
altri termini, per le linee proiettive, e per esse soltanto, i
due parametri intrinseci t e τ dianzi definiti risultano ciascuno una funzione lineare fratta dell'altro.

Le curve che soddisfano alla condizione indicata sono quelle per cui, in forza delle (19)-(21), vale la

$$\Lambda(t, \tau) = 0.$$

Tenuto conto delle suddette equazioni, quest'ultima equivale alla

$$(22) \quad \begin{aligned} &2\,du\,(dv)^2 d^3u - 3(dv)^2(d^2u)^2 + 3(du)^2(d^2v)^2 - \\ &- 2(du)^2 dv\,d^3v + \beta^2(du)^6 - 2q_{11}(du)^4(dv)^2 + 2q_{22}(du)^2(dv)^4 - \gamma^2(dv)^6 = 0 \end{aligned}$$

e basta applicare i risultati del n.26, per vedere che la (22)
può anche porsi sotto la forma condensata

$$\left(\kappa\,d\kappa\,d^2\kappa\,d^3\kappa\right) + \left(\xi\,d\xi\,d^2\xi\,d^3\xi\right) = 0,$$

che - a norma del n.27 - dà l'equazione differenziale delle linee
proiettive.

L'asserto è così dimostrato. Di più, poggiando sulla (22) ed usufruendo delle abbreviazioni (5), vediamo che

L'equazione differenziale delle linee proiettive può anche venir scritta nella forma più semplice

$$(23) \qquad 2ww'' - 3w'^2 + \beta^2 w^6 - 2q_{11}w^4 + 2q_{22}w^2 - \gamma^2 = 0 .$$

Più in generale, ricorrendo alle formule del n. 26 si perviene a trasformare la (18) nella

$$(24) \qquad \begin{aligned} &(1-\kappa)\left(2ww'' - 3w'^2 + \beta^2 w^6 - 2q_{11}w^4 + 2q_{22}w^2 - \gamma^2\right) + \\ &+ 2(1+\kappa)\left[2(\beta w^3 - \gamma)w' - \beta_u w^5 - 2\beta_v w^4 + 2\gamma_u w^2 + \gamma_v w\right] = 0, \end{aligned}$$

la quale risulta pertanto una forma semplificata dell'**equazione differenziale delle linee principali, di dato indice k.** La (24), com'è **a priori** evidente in base al n. 27, e come d'altronde subito si constata, si riduce alle (4),(23), rispettivamente per k=1 e per k=-1

29. SULL'USO DEGLI INVARIANTI DI LAPLACE E DEGLI INVARIANTI INFINITESIMI.

Abbiamo viste dianzi (nn. 27,28) due diverse proprietà caratteristiche delle linee proiettive. Possiamo inoltre assegnare – col TERRACINI (ved. le Notizie che seguono il n. 33) – una condizione necessaria e sufficiente affinchè una famiglia ∞^1 di curve consti di linee proiettive. Consideriamo all'uopo, sopra una superficie non sviluppabile di S_3, una qualunque famiglia ∞^1 di curve; essa determina univocamente una famiglia c o n i u g a t a , tale cioè che le coordinate puntuali o tangenziali della data superficie – riferita alle linee delle due famiglie come linee coordinate – soddisfino a due equazioni di LAPLACE. Ebbene:

 <u>Ciascuna delle curve della data famiglia risulta una linea
proiettiva se, e soltanto se, la somma dei secondi invarianti
delle due suddette equazioni di LAPLACE si annulla identicamente.</u>

Agli elementi geometrici precedentemente introdotti si può
anche giungere attraverso a considerazioni locali d'altro tipo -
dovute al BOMPIANI (cfr.le <u>Notizie</u> dianzi citate) - secondo quanto ora passiamo a specificare.

Siano r_1, r_2, r_3 tre rette di un fascio di centro O, ed L
denoti una curva del piano di questo fascio avente un punto semplice in O e tangente ivi alla r_3. Se P è un punto di L distinto da O, si ponga r=OP e si consideri il birapporto $(r_1 r_2 r_3 r)$.
Il v a l o r   p r i n c i p a l e (ossia la parte infinitesima
del 1° ordine) di questo birapporto al tender di P ad O, n o n
d i p e n d e   d a r_3, ed è così precisamente un <u>invariante
proiettivo infinitesimo</u> di r_1, r_2 e dell'elemento del 2° ordine
di L di centro O.

Possiamo in particolare applicare ciò con riferimento ad
una superficie F, per la quale conserviamo le ipotesi e le notazioni del n.26. Se O è un generico punto semplice di F, la sezione di F col piano tangente in O ha notoriamente un punto doppio in O, i due rami di questa sezione uscenti da O toccando ivi
le due direzioni asintotiche. Assunto precisamente il ramo tange<u>n</u>
te a du =o come linea L, e prese come rette r_1, r_2 rispettivamente le tangenti in O ad F caratterizzate da un dato rapporto
du:dv e da dv=o, l'invariante suddetto, moltiplicato per il fattore numerico - 3,risulta uguale a $\gamma\, dv^2/du$. Parimenti, scambia<u>n</u>
do u e v, si ottiene il significato di $\beta\, du^2/dv$. Abbiamo così
delle intepretazione geometriche per le <u>forme elementari</u>
$\beta\, du^2/dv$ e $\gamma\, dv^2/du$, - introdotte dal BOMPIANI - la cui somma
dà l'<u>elemento lineare proiettivo</u> di FUBINI (n.26).

Riferiamoci ora a quattro rette r_1, r_2, r_3, r_4, situate in un
S_3 ed uscenti da un punto O, soggette soltanto alla condizione
che la prima di esse non sia complanare con due delle rimanenti

tre. Se L è una curva passante semplicemente per O e tangente
ivi alla r_4, e P denota un suo punto distinto da O, il birapporto dei piani proiettanti da r_1 le rette r_2,r_3,r_4 ed il punto
P ammette - al tendere di P ad O - un v a l o r   p r i n c i p a-
l e , il quale risulta un <u>invariante proiettivo infinitesimo</u> di
r_1,r_2,r_3 e dell'elemento del 2° ordine di L di centro O. Nel caso particolare in cui L sia una curva tracciata su di una superficie F avente in O le r_2,r_3 come tangenti asintotiche, tale
invariante non muta al variare di r_1, e viene a dipendere soltanto dall'elemento del 1° ordine di L di centro O, determinabile
con dati valori di (du,dv). Esso vale precisamente - $\beta\gamma$ du dv,
il che porge un'interpretazione geometrica per la <u>forma differenziale quadratica normale</u> della F (n.26).

Sia ancora L una curva tracciata su F, di cui O denoti un
punto semplice di coordinate $x=(x_1,x_2,x_3,x_4)$. Se P è un punto di
L distinto da O ma sufficientemente vicino a questo punto, le
asintotiche du=o e dv=o uscenti da P - nell'intorno di O - incon-
treranno ciascuna in un punto l'asintotica dell'altro sistema
uscente da O; e siano rispettivamente P_1 e P_2 i due punti a cui
così si perviene. Designamo infine con ω il piano osculatore ad
L in O, e con r una qualunque retta di ω uscente da O. Il
v a l o r   p r i n c i p a l e del birapporto determinato da ω
e dai piani proiettanti da r i punti P_1 P P_2 non dipende da r, e
risulta precisamente un <u>invariante proiettivo infinitesimo</u> di
L ed F in O, dato da

$$-\frac{1}{12}\ \frac{(x\,dx\,d^2x\,d^3x)}{(x\,x_u\,x_v\,x_{uv})}\ \frac{1}{(du\,dv)^2}\ .$$

Avuto riguardo alle (6),(18), da qui si ha subito che:

<u>Il rapporto di quest'ultimo invariante infinitesimo e del</u>
<u>suo duale coincide con l'invariante finito k di cui al n.27, il</u>

quale — come ivi s'è visto — permette di caratterizzare le nangeo-
detiche e le linee proiettive rispettivamente mediante le condizioni k=1 e K=-1.

30. ALCUNE CLASSI DI SUPERFICIE SU CUI LA NOZIONE DI BIRAPPORTO
    PRESENTA PARTICOLARE SEMPLICITA'.

Sulla superficie F(di cui al n.28), affinchè le asintotiche
u=cost. siano linee principali occorre e basta che la (24) sia
soddisfatta ponendovi w=o, il che fornisce γ =o; in base alla
seconda delle (1), ciò ha luogo se, e soltanto se, le suddette
asintotiche sono rettilinee. Pertanto:

Una famiglia di asintotiche di una superficie non sviluppabile di S_3 consta di linee principali nel caso, e nel caso
soltanto, ch'essa consista di rette.

In tale ipotesi, la rigata generata dalle tangenti asintotiche dell'altro sistema uscenti dai punti di una di queste rette
è notoriamente una schiera rigata; sicchè la nozione di birapporto di quattro punti di una retta siffatta — quale risulta dal
n.28 — viene a coincidere con quella usuale.

Qualunque sia F (anche non rigata), il parametro intrinseco τ (di cui al n.28) relativo ad un'asintotica u=cost. si ottiene integrando l'equazione differenziale,

$$\Lambda\left(\tau,v\right)+q_{22}=0\;,$$

fornita dalla (21), nella quale si attribuisca ad u quel valore
costante. Dunque il parametro τ non viene a dipendere da tale
costante se, e soltanto se, q_{22} non muta al variare di u. Avuto
riguardo alla seconda equazione (12), abbiamo quindi che:

Affinchè le asintotiche u=cost. risultino punteggiate con
conservazione dei birapporti dalle asintotiche dell'altro sistema, occorre e basta che F soddisfi alla condizione

(25)
$$2\,\gamma\,\beta_v + \beta\,\gamma_v = 0.$$

Poichè la (25) sussiste tanto se $\beta = 0$ quanto nell'ipotesi che sia $\gamma = 0$, ne consegue che:

Su di una qualunque superficie rigata non sviluppabile di S_3, le asintotiche di c i a s c u n o dei due sistemi risultano punteggiate dalle asintotiche dell'altro sistema con conservazione dei birapporti.

Questo teorema è classico nel caso delle quadriche. Inoltre a norma di una precedente osservazione, u n a   p a r t e di esso coincide col ben noto teorema di P. SERRET secondo cui le asintotiche curvilinee segnano sulle generatrici di una rigata punteggiate proiettive.

Ci proponiamo ora di determinare la totalità delle superficie F godenti della suddetta proprietà, relativamente ad entrambi i sistemi di asintotiche. Per le F cercate, oltre alle (25), varrà similmente la

(26)
$$2\,\beta\,\gamma_u + \gamma\,\beta_u = 0$$

Escluse le rigate, di cui già si è detto, ossia supposto $\beta\gamma \neq 0$, si soddisfa nel modo più generale alle (25) (26) assumendo

$$\beta = U^2/V \quad , \quad \gamma = V^2/U \quad ,$$

con U, V funzioni arbitrarie (purchè non nulle) rispettivamente della sola u e della sola v. Basta allora in luogo delle coordinate asintotiche u, v introdurre le $\int U\,du$, $\int V\,dv$, per ridursi ad avere

(27)
$$\beta = \gamma = 1.$$

Con ciò le condizioni di integrabilità (12) riduconsi alle:

$$q_{..v} = 0, \qquad q_{22u} = 0, \qquad q_{21v} = q_{11u},$$

e forniscono

$$q_{..} = 2(cu+k), \qquad q_{22} = 2(cv+k),$$

dove c,h e k denotano tre costanti arbitrarie. Tenuto conto delle (11),(1), vediamo così che le superficie richieste si ottengono integrando il sistema

$$(28) \qquad x_{uu} = x_v + (cu+h)x, \qquad x_{vv} = x_u + (cv+k)x.$$

Esse sono quindi le ben note s u p e r f i c i e d i   c o i n
c i d e n z a (per cui cioè in ogni punto coincidono le rette
canoniche: cfr. FUBINI-CECH [30], p.157), comprendenti fra l'altro tutte le s u p e r f i c i e t e t r a e d r a l i
$x_1^{a_1} x_2^{a_2} x_3^{a_3} x_4^{a_4}$ = cost. ($a_1+a_2+a_3+a_4$=o).
Pertanto:

Le superficie sulle quali le asintotiche dei due sistemi si
punteggiano mutuamente con conservazione dei birapporti, sono pre
cisamente le rigate e le superficie di coincidenza.

Su di una qualunque superficie di tale tipo, quattro asintotiche dello stesso sistema definiscono intrinsecamente un
b i r a p p o r t o, che è il birapporto costante delle varie
quaterne di punti da esse segate sulle asintotiche dell'altro
sistema. A quattro punti qualsiansi della superficie si possono
quindi associare due diversi birapporti, dati dai birapporti
relativi alle quaterne delle asintotiche dell'uno o dell'altro
sistema che passano per quelli. Nel caso delle rigate non sviluppabili nè quadriche, il birapporto definito dalle quattro
asintotiche rettilinee viene manifestamente a coincidere col
birapporto nel senso di CARTAN. Sulle quadriche di S_3, i due
birapporti suddetti sono stati considerati dallo STUDY [50],

con interessanti sviluppi analitici; cfr.altresì WEISS $[103, \text{n}.26]$.

Se per una superficie F vale **u n a   s o l a** delle (25), (26), resterà similmente definito <u>un solo birapporto</u> per quattro punti qualsiansi di F. Ci proponiamo di determinare compiutamente tale categoria di superficie.

Si voglia ad esempio che valga la (25), ossia che <u>le asin-totiche u=cost.risultino punteggiate con conservazione dei birap-porti dalle v=cost.</u> Ciò val quanto dire che $\beta^2 \gamma$ dev'essere una funzione della sola u, la quale sarà non nulla in quanto escludiamo le rigate. In luogo del parametro u possiamo dunque assumere la funzione della sola u data da

$$\int \sqrt[3]{\beta^2 \gamma} \; du \, ,$$

cioè che riduce la relazione fra β e γ alla forma

$$(29) \qquad \gamma = \beta^{-2} .$$

In forza della (25), la seconda equazione (12) riducesi a $q_{22u}=0$ e mostra dunque che q_{22} è funzione della sola v. Avuto riguardo alle (1),(11), si può far sì che questa sia data semplicemente da

$$(30) \qquad q_{22} = 0,$$

purchè si prenda un'opportuna funzione di **v** come nuova variabile v $[$ciò che esige che si debbano anche alterare le x per un comune fattore, conveniente funzione di **v**, allo scopo di conservare la validità delle due prime equazioni (11)$]$.

Avuto riguardo alla (29), si soddisfa nel modo più generale la prima delle (12) assumendo

$$(31) \qquad q_{11} = 3 \alpha_u \, , \qquad \beta = \alpha_v^{-1} \, ,$$

dove α denoti una funzione qualsiasi di u e v (che non risulti indipendente da v). Questa funzione dev'essere scelta in guisa da rendere soddisfatte le due restanti equazioni (12). Ora la prima di queste lo è di fatto automaticamente, in forza delle (29),(30); e la seconda, in base alle (29)-(31) diventa:

$$\left(\alpha_v^2 \right)_{uuu} - \left(\alpha^{-1} \right)_{vvv} = 3\alpha_v^2 \, \alpha_{uu} + 12\,\alpha_u \alpha_v \alpha_{uv}.$$

In conclusione:

Ad ogni soluzione $\alpha = \alpha(u,v)$ di quest'equazione a derivate parziali del 4° ordine corrisponde una superficie del tipo richiesto, ottenibile risolvendo rispetto ad x il sistema – completamente integrabile – che si ha dalle (1), quando vi si esprimano i coefficienti mediante le (11),(29),(30), (31).

31. CORRISPONDENZE PUNTUALI CONSERVANTI LE LINEE PROIETTIVE.

Ci proponiamo ora di stabilire il seguente teorema, il quale pienamente giustifica la denominazione di l i n e e p r o i e t t i v e (introdotta al n. 27).

Affinchè una corrispondenza puntuale fra due superficie non sviluppabili di S_3 risulti p r o i e t t i v a (e cioè sia subordinata da un'omografia o da una reciprocità di S_3), è necessario e sufficiente ch'essa muti le linee proiettive dell'una nelle linee proiettive dell'altra. Si ha tuttavia qualche eccezione alla sufficienza di questa condizione, e ciò soltanto nel caso delle superficie (dipendenti da due costanti essenziali) che ammettono un gruppo ∞^2 di collineazioni in sè e posseggono forme normali φ_2 aventi curvatura nulla.

Poichè la parte del teorema che concerne la necessità della condizione enunciata è già stata acquisita (n. 27) basterà occuparsi della sufficienza. Siano dunque F ed $\bar{F}$, due superficie non sviluppabili di S_3, per le quali adottiamo rispettivamente le notazioni dei numeri precedenti e le analoghe con sopralineature; e supponiamo che fra F, $\bar{F}$ intercoda una corrispondenza

biunivoca, trasformante le linee proiettive di F nelle linee
proiettive di $\bar{F}$. A norma delle (22),($\bar{22}$), sulle F,$\bar{F}$ le linee asintotiche sono le curve singolari per l'equazione differenziale
delle linee proiettive.
Ne consegue che la corrispondena T deve mutare le asintotiche di
F nelle asintotiche di $\bar{F}$, ond'essa può venir rappresentata analiticamente in modo che punti omologhi di F,$\bar{F}$ provengano dagli
s t e s s i   v a l o r i di opportuni parametri asintotici u e v.

Con una tale scelta di parametri, l'equazione differenziale (22) delle linee proiettive di F ammetterà i medesimi integrali di (e quindi si identificherà con) l'analoga equazione
relativa ad $\bar{F}$. Deve perciò risultare in modo identico

$$(32) \qquad \beta^2 = \bar{\beta}^2 \ , \qquad \gamma^2 = \bar{\gamma}^2$$

ed inoltre

$$(33) \qquad q_{11} = \bar{q}_{11} \ , \qquad q_{22} = \bar{q}_{22}$$

Relativamente alle (32), distinguiamo le seguenti alternative. Se è

$$\beta = \bar{\beta} \ , \quad \gamma = \bar{\gamma} \ , \qquad \text{oppure} \qquad \beta = -\bar{\beta} \ , \quad \gamma = -\bar{\gamma} \ ,$$

è ben noto - e risulta subito dalle (1),(7),(9),(11),(33) - che
T è subordinata da una reciprocità dello spazio. Resta quindi
soltanto da esaminare se e quando possa aversi

$$(34) \qquad \beta = \bar{\beta} \ , \qquad \gamma = -\bar{\gamma}$$

oppure

$$\beta = -\bar{\beta} \ , \qquad \gamma = \bar{\gamma}$$

e basterà anzi limitarci al primo di questi due casi, il secondo
riducendosi ad esso con lo scambio delle u,v.

Sottraendo a membro a membro dalle prime due equazioni

(12) le analoghe equazioni $(\overline{12})$ relative ad $\overline{F}$, si ottengono
le (25),(26); sicchè anche ora, come nel n.30, possiamo supporre
di aver scelte le u,v in guisa che valgano le (27). In virtù
delle (33),(34) e (27), le (12), $(\overline{12})$ forniscono

$$ q_{11v} = 0, \qquad q_{22u} = 0, \qquad q_{22v} = q_{11u}, \qquad q_{21v} = - q_{11u}; $$

sicchè q_{11} e q_{22} debbono ridursi a costanti, che denoteremo
con 2h e 2k.

In definitiva, tenuto anche conto delle (11),(27),(34), il
sistema (1) e ŀ'analogo sistema $(\overline{1})$ assumono rispettivamente la
forma

$$ (35) \qquad \begin{cases} x_{uu} = x_v + h\,x \\ x_{vv} = x_u + K\,x \end{cases} \qquad\qquad \begin{cases} x_{uu} = x_v + h\,x \\ x_{vv} = - x_u + K\,x \end{cases} \begin{matrix} (\text{con } h,K \\ \text{cost.}) \end{matrix} $$

Le $F,\overline{F}$ sono dunque s u p e r f i c i e   d i   c o i n c i d e n-
z a, in quanto il primo di questi sistemi si ottiene dalle (28)
facendovi c=o. Più precisamente, si tratta di superficie di coincidenza caratterizzabili con la proprietà di possedere un gruppo ∞^2 di collineazioni in sè; un secondo modo di caratterizzarle
è quella di aggiungere a quest'ultima proprietà quella, che
subito si legge sulle (35),$(\overline{35})$, di possedere forme normali
ÞÞenti curvatura nulla (cfr. FUBINI-CECH$[30]$,pp.157-158 e
389-391). Poichè la corrispóndenza definita per uguaglianza di
parametri asintotici fra le superficie $F,\overline{F}$ integrali dei sistemi (35), $(\overline{35})$ n o n   è   m a n i f e s t a m e n t e   p r o -
i e t t i v a, così il teorema enunciato rimane stabilito.

Aggiungiamo che, per valori generici delle h,k, le $F,\overline{F}$
risultano s u p e r f i c i e   t e t r a ë d r a l i fra loro
proiettivamente identiche (ved. FUBINI-CECH, loc.cit.). Ciò non
contraddice quanto dianzi è stato osservato circa la T, ove si
tenga conto che la superficie integrale di un qualunque sistema

(35) ammette un <u>gruppo ∞^2 di trasformazioni <u>conservanti le sue</u></u>
<u>linee proiettive</u>,rappresentate dalle

$$(36) \qquad u' \pm u = cost. , \qquad v' \pm v = cost. ,$$

e godenti delle seguenti proprietà. A seconda che nelle (36) si
scelgono ambedue i segni +, ambedue i segni -, oppure un segno
+ ed un segno -, la trasformazione corrispondente risulta o m o-
g r a f i c a , r e c i p r o c a , oppure n o n   p r o i e t t i-
v a; due qualunque trasformazioni di quest'ultimo tipo, pur non
essendo nemmeno delle deformazioni proiettive, hanno sempre per
prodotto una trasformazione proiettiva.

32. <u>CORRISPONDENZE PUNTUALI CONSERVANTI LE LINEE PRINCIPALI.</u>

Supponiamo ora di avere, fra due superficie $F, \bar{F}$ - non sviluppabili nè quadriche - di S_3, una corrispondenza puntuale T che
muti le linee principali di ciascuna di esse nelle linee principali dell'altra. Procedendo come nel n.32, del quale qui adottiamo le notazioni, vedremo intanto che T può supporsi definita dalla
proprietà di associare punti di $F, \bar{F}$ aventi l e   s t e s s e
c o o r d i n a t e   a s i n t o t i c h e u,v. Ciò risulta infa<u>t</u>
ti dall'equazione differenziale del sistema ∞^4 formato dalle
linee principali di F, equazione che - a norma del n.28 - si desume dalla (24) ricavando da questa il rapporto $(1+k)/(1-k)$ e scrivendo che è nulla la derivata totale rispetto v dell'espressione
in tal guisa ottenuta. L'equazione differenziale richiesta è
pertanto

$$(37) \quad \begin{cases} w w'''[2(\beta w^3 - \gamma)w' - \beta_u w^5 - 2\beta_v w^4 + 2\gamma_u w^2 + \gamma_v w] - \\ - w''[\beta^3 w^9 - (2\beta q_{11} + \beta_{uu})w^7 - (2\gamma q_{22} - \gamma_{vv})w^2 + \gamma^3] + \cdots = 0 \end{cases}$$

dove abbiamo esplicitato soltanto i termini differenziali più elevati e taluno di quelli di ordine inferiore. La (37) ammette come

linee singolari le asintotiche (e le pangeodetiche) di F; e da
ciò si trae quanto dianzi asserito circa la T.

Ne consegue che - nelle ipotesi ammesse - l'equazione $(\overline{37})$
relativa ad $\overline{F}$ ed analoga alla (37) deve coincidere con questa,
il che fra l'altro esige che si abbia:

$$\frac{\beta}{\overline{\beta}} = \frac{\beta^3}{\overline{\beta}^3} = \frac{\gamma}{\overline{\gamma}} = \frac{\gamma^3}{\overline{\gamma}^3} = \frac{2\beta q_{11} + \beta_{uu}}{2\overline{\beta}\,\overline{q}_{11} + \overline{\beta}_{uu}} = \frac{2\gamma q_{22} - \gamma_{vv}}{2\overline{\gamma}\,q_{22} - \overline{\gamma}_{vv}} \, .$$

Se $\beta\gamma \neq 0$ (e quindi pure $\overline{\beta}\,\overline{\gamma} \neq 0$), dall'uguaglianza delle prime
quattro frazioni segue che può soltanto aversi

$$\beta = \overline{\beta}, \ \gamma = \overline{\gamma} \, , \qquad \text{oppure} \qquad \beta = -\overline{\beta} \, , \ \gamma = -\overline{\gamma} \, ;$$

ed allora, dall'uguaglianza delle rimanenti due, si vede che in
ogni caso dev'essere

$$q_{11} = \overline{q}_{11}, \qquad\qquad q_{22} = \overline{q}_{22} \, .$$

Alle stesse conclusioni si giunge se $\beta\gamma = 0$, tenendo conto che non può essere $\beta = \gamma = 0$, poichè F non è una quadrica,
ed utilizzando in modo analogo qualcuno dei termini dell'equazione (37) indicati coi puntini.

In base alle (1),(7),(8),(11) ed al n.27), dai risultati
dianzi conseguiti si trae immediatamente che:

Le sole corrispondenze puntuali fra due superficie
(non sviluppabili né quadriche)di S_3 che mutino le linee principali dell'una nelle linee principali dell'altra sono quelle indot-
te fra esse dalle omografie o dalle reciprocità dello spazio.
Mentre le corrispondenze omografiche conservano l'indice di
ciascuna linea principale, quelle reciproche mutano tale indice
nel suo reciproco.

Data in S_3 una superficie F, che non sia né sviluppabile
né quadrica, per quattro punti A,B,C,D scelto arbitrariamente in
una porzione sufficientemente ristretta di F passa una ed u n a

s o l a linea principale, che designeremo con L, L'i n d i c e
k di L - definito nel n.27 - risulta così un i n v a r i a n-
t e p r o i e t t i v o della suddetta quaderna di punti, il
quale potrebbe denominarsi il _birapporto dei punti A,B,C,D sopra_
_F._ Adottando questa locuzione, in base all'ultimo teorema si
può dire che:

Le corrispondenze omografiche sono l e s o l e corrispon-
denze puntuali fra superficie dello spazio ordinario, non svilup-
pabili né quadriche, che conservino i birapporti.

Questo risultato farebbe propendere per l'adozione del
suddetto numero k come birapporto (ABCD); ma la definizione pre-
senterebbe un inconveniente, in quanto k è funzione s i m m e-
t r i c a dei punti A,B,C,D, mentre sarebbe invece desiderabile che fra i birapporti delle varie quaterne ordinate determinate da quattro punti venissero ad intercedere le solite relazioni. Si soddisfa a quest'ultima esigenza, assumendo $(ABCD)_F$ uguale al _birapporto dei punti A,B,C,D sull'una o sull'altra delle_
due rigate asintotiche circoscritte ad F lungo L.
In tal guisa, si ottengono dunque _due valori per il birapporto_;
il che è del tutto conforme a quanto è già stato fatto in altre
circostanze (n.30), e si riduce precisamente a ciò nel caso particolare delle quadriche (caso che attualmente avevamo escluso).

Valendo ottenere u n s o l o v a l o r e per il birapporto, si potrebbe assumere $(ABCD)_F$ uguale al birapporto di
A,B,C,D s o p r a l a l i n e a L, col procedimento di cui
al n.25. Questa definizione è però assai più complicata della
precedente, e non si lascia estendere alle quadriche; essa inoltre viene a presentare delle d i s c o n t i n u i t à a r t i-
f i c i a l i relative alle quaterne di punti di F giacenti
sulle eventuali linee piano-coniche di F (per le quali cfr. il
numero successivo), in quanto i birapporti su L si determinano
in modo totalmente diverso nei due casi in cui L sia piana o

sghemba.

Altre definizioni   u n i v o c h e   possibili per il birapporto (ABCD)$_F$, si ottengono coll'assumerlo uguale al birapporto
della quaderna ABCD – nel senso di CARTAN $[22]$ – sopra la rigata
(generalmente non sviluppabile) generata dalle normali proiettive,
o dagli spigoli di Green, o da altre rette canoniche, relative ai
singoli punti di F situati sulla linea L. Il raffronto fra le
varie definizioni indicate, porterebbe alla determinazione di quel
le superficie per le quali due diverse definizioni conducono al
medesimo valore del birapporto.

33. SULLE LINEE PIANO-CONICHE DI UNA SUPERFICIE.

Se L è una linea principale di una superficie F(non sviluppabile né quadrica), ad essa resta attaccata una costante general
mente determinata da L in modo unico, che abbiamo denominata
l' i n d i c e di L (n.27): essa è quel valore k siffatto che L
soddisfi alla corrispondente equazione (18) o (24). In virtù della
linearità in k di quest'equazione L presenta eccezione soltanto
se si hanno due distinti valori di k, nel qual caso l'indice di
L risulta indeterminato. Tenuto conto del n.27, vediamo dunque in
particolare che

Se una linea tracciata su di una superficie (non sviluppabile né quadrica) di S_3 verifica due qualunque delle quattro condizioni di risultare una sezione piana o una linea conica, o una
pangeodetica, od una linea proiettiva, essa soddisfa di conseguenza alle altre due condizioni.

Ogni linea siffatta, qualora sia relativa ad una superficie
F, si chiamerà brevemente una linea piano-conica di F. La ricerca delle linee piano-coniche di una data F equivale, per ciò che
precede, alla determinazione degli integrali comuni alle due e-
quazioni differenziali (4) e (23), le quali caratterizzano rispet-

tivamente le pangeodetiche e le linee proiettive di F (nn.26,28).
Aggregando ad esse l'equazione che si ottiene differenziando la
(4) totalmente rispetto a v , si hanno in tutto tre equazioni algebriche nelle w' , w'' ; ed è facile vedere che basta eliminare
w' e w'' fra queste, per giungere all'equazione algebrica in w :

$$(38) \qquad \beta^{5} w'^{15} + \cdots + \gamma^{5} = 0 ,$$

della quale abbiamo esplicitato soltanto i due termini estremi. La
(38) non è identicamente soddisfatta, in quanto - F non essendo una
quadrica - non può risultare $\beta = \gamma = 0$. Ricordando il significato
di w , fornito dalla prima delle (5), concludiamo che:

    Mentre su di una quadrica di S_3 _ogni sezione piana è una_
linea conica, nessun'altra superficie non sviluppabile di S_3 _può_
contenere più di una semplice infinità di linee piano-coniche.
Per il generico punto di una superficie siffatta, non passano mai
più di 15 linee piano-coniche della superficie.

    Il numero 15 potrebbe qui venire abbassato, stabilendo -
come conseguenza algebrico-differenziale delle (4),(38) - un'equazione algebrica in w di grado inferiore. Non approfondiremo ora
la ricerca, che si presenta assai complicata dal punto di vista
formale: si tratterebbe più precisamente di discutere le condizio
ni di compatibilità delle equazioni differenziali (4) e (23), i
cui coefficienti - si ricordi - risultano legati dalle (12).

    Aggiungiamo soltanto che le superficie contenenti u n a
s o l a   f a m i g l i a ∞^1 di linee piano-coniche (e cioè di
pangeodetiche piane, delle quali ne passi una sola per il generico
punto), sono state tutte ottenute dal FUBINI: esse si sanno rappresentare analiticamente in termini finiti, e _dipendono da sei_
funzioni arbitrarie di un argomento (e n o n da sette, come er-
roneamente è detto in FUBINI-CECH $[3\,0]$,pp.539-540, ove non si ri-
leva la necessità - per le quattro curve k_i ivi considerate sulla

sviluppabile T – di segare quaterne **proiettive sulle varie** generatrici di T). Si conoscono poi delle superficie, <u>dipendenti da</u>
<u>due funzioni arbitrarie</u>, le quali contengono d u e   d i s t i <u>n</u>
t e   f a m i g l i e ∞^1 di linee piano-coniche: per un ampio
studio e per altre indicazioni bibliografiche al riguardo,
cfr. B.SEGRE[15]. Tali superficie comprendono fra le altre le
<u>superficie tetraedrali</u> (già da noi incontrate da un diverso pun-
to di vista nei nn.30,31), ciascuna delle quali – come si dimostra
facilmente – ammette s e i   f a m i g l i e ∞^1 di linee piano-
coniche.

<u>NOTIZIE STORICHE E BIBLIOGRAFICHE.</u>

Le L i n e e   p r o i e t t i v e di una superficie appaiono per la prima volta in B.SEGRE [62], che le ha definite mediante la proprietà espressa dal primo teorema del n.28, deducendone anche la loro rappresentazione analitica e la proposizione del n.31. Successivamente, TERRACINI [93], ha ottenuto
per i sistemi di ∞^1 linee proiettive la caratterizzazione data
qui al principio del n.29, assieme ad altra meno espressiva.
B.SEGRE [63] ha quindi stabilito per quelle linee proiettive la
proprietà che qui abbiamo assunta come definizione (n.27), basata sulla considerazione dell'invariante J ; e questo l'ha
ivi condotto ad introdurre in pari tempo le ∞^4 curve che abbiamo denominate l i n e e   p r i n c i p a l i. A queste mede-
sime linee è anche giunto poco appresso per altra via il BOMPIA-
NI[8], a cui si debbono i risultati del n.29 successivi all'accennata proposizione di TERRACINI.

I vari risultati dei nn.30,32,33 appaiono qui per la prima volta, a prescindere dalla definizione di cui è detto nel
penultimo capoverso del n.32, la quale trovasi già in BOMPIANI
[9,10] .

<u>LEZIONE   QUINTA</u>

<u>ALCUNE PROPRIETA' DIFFERENZIALI IN GRANDE RELATIVE ALLE
CURVE ALGEBRICHE ED ALLE LORO INTERSEZIONI E
CORRISPONDENZE</u>

Mostreremo qui come la <u>teoria dei residui delle funzioni
analitiche</u> possa venir usata nello studio – sia locale che glo-
bale – di certe <u>proprietà differenziali delle curve analitiche
od algebriche</u>, concernenti sopratutto elementi differenziali definiti da intersezioni ed anche i punti fissi di corrispondenze
analitiche od algebriche. In relazione alla teoria suddetta
verranno altresì assegnate interpretazioni geometriche intrinse-
che, le quali importeranno un significato geometrico per gli invarianti differenziali a cui via via perverremo.

34. <u>I RESIDUI DELLE CORRISPONDENZE SULLE CURVE, ED UN INVARIANTE
TOPOLOGICO D'INTERSEZIONE DI DUE CURVE SOPRA UNA SUPERFI-
CIE CON DUE FASCI PRIVILEGIATI.</u>

Ci proponiamo ora di approfondire le condiderazioni del
n.8 (Lezione seconda), relative ai r e s i d u i delle corrispondenze, nel caso più semplice delle curve (n=1). Sia O un
punto fisso di una corrispondenza analitica T di una curva analitica in sè. Se x è una variabile complessa permissibile nel-
l'intorno di O, assumente in O il valore x_0, la T si rappresen-
terà in tale intorno con un'equazione del tipo

$$X = f(x)$$

Allora, se O è punto fisso s e m p l i c e di T (talchè risulta $f'(x_0) \neq 1$), il residuo ω di T in O è dato (n.8) da

$$\omega = \frac{1}{1 - f'(x_0)} \ .$$

117

Più in generale, posta nell'intorno di O l'equazione di T sotto
la forma implicita

(1) $$\theta(x, X) = 0,$$

risulta $(\theta_x + \theta_x)_0 \neq 0$ in virtù della semplicità del punto fisso
O, ed inoltre

$$\omega = \left(\frac{\theta_X}{\theta_x + \theta_x}\right)_0 .$$

Pertanto:

   <u>Il residuo</u> ω <u>di T in O uguaglia il residuo, in tale punto,</u>
<u>della funzione analitica</u>

(2) $$\varphi(x) = \left[\frac{\partial}{\partial X} \log \theta(x, X)\right]_{X=x}$$

   Assumeremo questa come d e f i n i z i o n e del residuo
ω della T in O, anche nell'ipotesi che il punto fisso O non sia
semplice, nel quale caso essa conserva la sua validità e permette
il calcolo esplicito di ω , nel modo che vedremo fra poco. Da
ciò si trae subito che ω non muta tanto se si cambia comunque il
parametro x(effettuando naturalmente in pari tempo lo stesso
cambiamento sulla X), quanto se si altera θ per un fattore funzione analitica arbitraria di x,X, non nulla per $x=x_0$, $X=x_0$. Si
ha dunque che <u>il residuo</u> ω <u>, così definito, risulta un invarian-</u>
<u>te topologico di T in O.</u>

   Dalla suddetta definizione si trae senza difficoltà la seguente espressione differenziale per ω . Denotiamo con n($\geq$ 1)
la <u>molteplicità</u> del punto fisso O della corrispondenza T rappresentata dalla (1); ciò val quanto dire, ove si designi cpn Ω
l'operatore

$$\Omega = \frac{\partial}{\partial x} + \frac{\partial}{\partial X} ,$$

e - come già si è fatto nella formula successiva alla (1) - si ponga un indice 0 in basso per significare che le funzioni e derivate che intervengono vanno calcolate per $x=x_0$, $X=x_0$, risulta precisamente $\theta_0 = 0$ ed inoltre (se $n > 1$) $\Omega^i\theta_0 = 0$ per $i=1,2,\ldots,n-1$, ma $\Omega^n\theta_0 \neq 0$. Ebbene, in tali ipotesi, si ha che il residuo ω di T in 0 è dato da

$$(3) \qquad \omega = \left(\frac{n!}{\Omega^n\theta_0}\right)^n \begin{vmatrix} \dfrac{1}{(n-1)!}\dfrac{\partial}{\partial X}\Omega^{n-1}\theta_0 & \dfrac{1}{(n-2)!}\dfrac{\partial}{\partial X}\Omega^{n-2}\theta_0 & \cdots & \dfrac{\partial}{\partial X}\theta_0 \\[2ex] \dfrac{1}{(n+1)!}\Omega^{n+1}\theta_0 & \dfrac{1}{n!}\Omega^{n}\theta_0 & \cdots & \dfrac{1}{2!}\Omega^{2}\theta_0 \\[2ex] \dfrac{1}{(n+2)!}\Omega^{n+2}\theta_0 & \dfrac{1}{(n+1)!}\Omega^{n+1}\theta_0 & \cdots & \dfrac{1}{3!}\Omega^{3}\theta_0 \\[2ex] \cdot & \cdot \quad \cdot \quad \cdot & \cdot & \cdot \\[2ex] \dfrac{1}{(2n-1)!}\Omega^{2n-1}\theta_0 & \dfrac{1}{(2n-2)!}\Omega^{2n-2}\theta_0 & \cdots & \dfrac{1}{n!}\Omega^{n}\theta_0 \end{vmatrix}.$$

Detto ω^* il residuo in 0 della corrispondenza T^{-1} inversa della T, in base alla (2) ed alle condizioni ammesse per θ in 0 risulta

$$(4) \qquad \omega + \omega^* = \text{residuo in 0 di } (\Omega \log \theta)_{X=x} = n \, .$$

Pertanto:

   La somma dei due residui relativi ad un punto unito per una corrispondenza analitica qualsiasi su di una curva analitica e per l'inversa di questa, è sempre uguale alla m o l t e p l i c i t à di detto punto unito.

   Nell'ipotesi che T abbia c a r a t t e r e   i n v o l u t o r i o (e cioè coincida con T^{-1}) si ha manifestamente $\omega^*= \omega$, sicchè la (4) porge $\omega = n/2$. Pertanto:

   Il residuo di una corrispondenza involutoria in un punto fisso di molteplicità n vale sempre esattamente n/2.

Possiamo osservare che alle nozioni precedenti si può dare
una portata più ampia, svincolandoli dall'analiticità della T e
della curva in cui questa opera. Si può infatti assumere p e r
d e f i n i z i o n e l'espressione (3) come valore del residuo
ω della T in O, il che è lecito non appena si ammettano per Θ
opportune condizioni di differenziabilità. Con calcoli diretti,
meno semplici di quelli dianzi indicati per i medesimi scopi,
ma non presentanti difficoltà, si stabiliscono allora – nelle
attuali ipotesi più generali – l'invarianza di ω e l'uguaglianza $\omega + \omega^* = n$. Così, ad esempio, in base alla (3) si ha che la
somma $\omega + \omega^*$ è data dall'espressione fornita dal secondo membro della (3) nel cui determinante si sostituisca la prima riga
con

$$\frac{1}{(n-1)!}\,\Omega^{n}\theta_0 \qquad \frac{1}{(n-2)!}\,\Omega^{n-1}\theta_0 \quad \ldots \quad \Omega\,\theta_0 \ .$$

Il nuovo determinante ha nulli tutti gli elementi al disopra della diagonale principale, in virtù delle condizioni soddisfatte da
Θ in O, e si riduce così al suo termine principale $n(\Omega^{n}\theta_0/n!)^n$,
ciò che appunto fornisce la $\omega + \omega^* = n$.

Pertanto la (3) definisce – anche nel caso non analitico –
un <u>invariante differenziale d'ordine 2n-1</u> della corrispondenza (1)
nel punto fisso n-plo O.

Ritorniamo ad ammettere le ipotesi di analiticità fatte in
principio, sicchè – in base a ciò che precede ed alla definizione
di residuo – risulta

$$(5) \qquad\qquad \omega = \frac{1}{2\pi i}\oint \varphi(x)\,dx,$$

dove φ è data dalla (2) e l'integrale va esteso ad un circuito
nel piano della variabile complessa x che circondi x_0 positiva-
mente una sola volta e che non passi per, né contenga all'interno,
nessun altro x relativo ad un punto fisso di T. Poggiando sulla

(5)si dimostra agevolmente il seguente importante teorema.

Sia T^* una corrispondenza analitica di una curva analitica in sè, la quale dipenda non continuità da un parametro t, e tenda a T per $t \longrightarrow t_0$. Se T ammette il punto fisso n-plo O, la T^* avrà un certo numero h di punti fissi tendenti ad O quando $t \longrightarrow t_0$ $(1 \leq h \leq n)$; ed è noto che, designando con $O', O'', \ldots, O^{(h)}$ questi punti e con $n', n'', \ldots, n^{(h)}$ le relative molteplicità, risulta $n = n' + n'' + \ldots + n^{(h)}$. Ebbene, quanto $t \longrightarrow t_0$, la somma dei residui di T^* nei punti $O', O'', \ldots, O^{(h)}$ ammette un limite finito, dato precisamente dal residuo di T in O (sebbene possano non esistere finiti i singoli limiti di quelli).

Questo risultato ci permette di pervenire ad un' i n t e r-
p r e t a z i o n e   g e o m e t r i c a   d e l   r e s i d u o
ω , pensato come invariante differenziale nel punto $x=x_0, X=x_0$ della curva (1) e della retta x=X sul piano (x,X).

Più in generale, riferiamoci ad una superficie F analitica, sulla quale siano dati due fasci privilegiati di curve analitiche α e β , fra loro unisecantisi nell'intorno di un dato punto O, semplice per F. Sulla F si abbiano inoltre due curve analitiche L ed L' aventi un'intersezione isolata nel punto O, il quale sia semplice per L, ma ove L' possa eventualmente avere una singolarità algebroide, e si supponga che L non sia toccata in O né dalla curva α né dalla curva β che escono da questo punto. Possiamo allora definire su L la corrispondenza analitica T, che – nell'intorno di O – muta in punto A in un punto B di L quando la curva α uscente da A incoltra su L' la curva β uscente da B. E' subito visto che T ha in O un punto fisso, e che la molteplicità n di O per T uguaglia la molteplicità d'intersezione delle curve L ed L' in O. Il residuo ω di T in O è allora un invariante differenziale in O relativo alle curve L,L' ed alle famiglie di curve α , β , il quale non muta quando si assoggetti l'intorno di O su F ad una qualunque trasformazione ana-

litica invertivile.   Chiameremo brevemente ω il <u>residuo di L ed</u>
<u>L' in O</u>; e si tratterà di dare di questo un' i n t e r p r e t a -
z i o n e   g e o m e t r i c a   che ne metta in luce il carattere
intrinseco.

Anzitutto, in base all'ultimo teorema, abbiamo che:

<u>Comunque si ottenga L' quale limite di una curva analitica</u>
<u>L^*, detti O', O",....,$O^{(h)}$ i punti comuni ad L ed L^* che cadono</u>
<u>nell'intorno di O, la somma dei residui di L ed L^* in questi</u>
<u>punti ammette sempre lo stesso limite al tendere di L^* ad L',</u>
<u>dato precisamente dal residuo di L ed L' in O.</u>

Tenuto conto di ciò, e del fatto che si può sempre scegliere L^* in modo che O',O",...., $O^{(h)}$ risultino intersezioni s e m -
p l i c i di L ed L^* (e quindi in numero di n), l'intento pro-
postoci sarà raggiunto qualora si sappia dare il significato geometrico di ω nel caso elementare dell'intersezione semplice e
cioè (con riferimento al punto O) quando s i a b b i a n=1.
In quest'ipotesi, L' passa semplicemente per O senza toccar ivi
la L, sicchè – nel fascio delle rette tangenti in O ad F – otteniamo quattro rette ℓ , ℓ' , a,b d i s t i n t e, tangenti ivi
ordinatamente alle L,L' ed alle curve $\mathcal{A}$, $\mathcal{B}$ uscenti da O.
Detto λ il coefficiente di dilatazione di T in O, si vede subito direttamente (od anche poggiando sul n.3) che è:

$$\lambda = \left(a \; b \; \ell \; \ell' \right) .$$

In virtù del n.8 si ha quindi

$$\omega = \frac{1}{1-\lambda} = \left(a \; \ell \; \ell' \; b \right) ,$$

ciò che fornisce il risultato voluto

35. UN COMPLEMENTO AL PRINCIPIO DI CORRISPONDENZA SULLE CURVE ALGEBRICHE.

Possiamo in particolare applicare i risultati del n.34 allo studio delle corrispondenze algebriche di una curva algebrica in sè. Sia T una corrispondenza siffatta, relativa ad una qualunque curva algebrica irriducibile, C; e sia O un punto di C che – considerato come origine di un determinato ramo di questa curva risulti un punto fisso (od unito) di T. Nell'intorno di O su quel ramo di C si può notoriamente introdurre un parametro x (complesso) u n i f o r m i z z a n t e; la x è determinata a meno di una trasformazione analitica invertibile, e su essa T opera analiticamente. Ne discende che – in base al n.34 – si può considerare il residuo di T nel punto O (pensato come origine di un ramo di C), e che questo risulta un invariante birazionale di T in O (dato generalmente da un numero complesso).

Le (1),(2),(5) suggeriscono di definire il residuo ω anche in un punto che n o n sia unito per T, convenendo di assumere in tal caso $\omega =0$. Con ciò risulta che:

In ogni punto di una qualunque curva algebrica, il residuo di una corrispondenza che sia somma di due o più altre è sempre uguale alla somma dei residui di queste ultime.

Ed invero se, per fissare le idee, si ha $T=T_1+T_2$ e se $\theta_1(x,X)=0$, $\theta_2(x,X)=0$ sono le equazioni delle T_1,T_2 nell'intorno di un punto O di C, quale equazione locale di T in quell'intorno si può prendere la $\theta(x,X)=0$, dove si ponga $\theta(x,X)\equiv\theta_1(x,X)\cdot\theta_2(x,X)$

Il risultato enunciato segue allora senz'altro dalle (2),(5), essendo

$$\left[\frac{\partial}{\partial X}\log\theta(x,X)\right]_{X=x}=\left[\frac{\partial}{\partial X}\log\theta_1(x,X)\right]_{X=x}+\left[\frac{\partial}{\partial X}\log\theta_2(x,X)\right]_{X=x}.$$

Ci proponiamo di dimostrare il seguente c o m p l e m e n-
t o   a l   p r i n c i p i o   d i   c o r r i s p o n d e n z a.

Sopra una curva algebrica C di genere p, una qualunque cor
rispondenza algebrica T di indici (α , β), che possegga una
valenza $\gamma \gtreqless 0$ e non abbia per componente l'identità, ammette nei
vari suoi punti uniti (semplici o multipli) residui aventi per
somma l'intero $\beta + \gamma p$. In simboli:

$$(6) \qquad \sum_{O \in \mathcal{C}}{}' \omega(O) = \beta + \gamma p \; .$$

Osserviamo anzitutto che la (6) ha carattere   i n v a-
r i a n t e di fronte alle trasformazioni birazionali di C.
Aggiungasi inoltre che, applicando la (6) alla corrispondenza
inversa T^{-1} , otteniamo

$$(6^{*}) \qquad \sum_{O \in \mathcal{C}}{}' \omega^{*}(O) = \alpha + \gamma p \; .$$

basta allora sommare le (6),(6*) fra loro a membro a membro e
ricordare la (4), per ottenere il classico   p r i n c i p i o
d i   c o r r i s p o n d e n z a, di CAYLEY-BRILL-HURWITZ (cfr.
p.es. SEVERI $\left[84 \right]$,p.233):
numero punti uniti $= \displaystyle\sum_{O \in \mathcal{C}} n(O) = \alpha + \beta + 2\gamma p \, ,$

il quale appare così come un corollario immediato del suddetto
complemento.

Incominceremo con lo stabilire la (6) nel caso più semplice
in cui la T abbia   v a l e n z a γ =0 e non possegga che punti
fissi O   s e m p l i c i (cioè di molteplicità n=1). Disponendo
di un'opportuna trasformazione birazionale di C, possiamo sempre
ridurci ad una C piana, dotata di singolarità ordinarie e situata in modo generico rispetto al sistema di riferimento delle
coordinate; e sia

(7) $f(x,y) = 0$

l'equazione di C. In virtù dell'ipotesi $\gamma=0$, la corrispondenza
T può venir rappresentata aggregando alla (7) **u n a   s o l a**
equazione algebrica (ved.SEVERI $[84]$,p. 199):

(8) $$\theta(x,y;X,Y) = 0$$

Più precisamente, se m è l'ordine della C, la (7) avrà m punti
all'infinito distinti, che denotiamo con P. Inoltre, detto b il
grado del polinomio θ nelle X,Y, sulla C avromo certi punti fissi Q, che possiamo supporre semplici per C e distinti dai punti
P, tali che, in corrispondenza al generico (x,y) di C, la (8)
rappresenti – nelle (X,Y) come coordinate correnti – una **curva**
(ordine b) segante C in questi punti fissi Q presi con certe
molteplicità ν ed inoltre nei β punti variabili trasformati di
(x,y) mediante T. Risulta pertanto:

(9) $$m\,b - \sum_{Q}\nu = \beta .$$

Posto per abbreviare F=f(X,Y), consideriamo la funzione razionale

(9*) $$R(x,y) = \left[\frac{\dfrac{\partial(\theta,F)}{\partial(X,Y)}}{F'_Y \cdot \theta}\right]_{X=x,\,Y=y} .$$

Raggiungeremo il nostro intento applicando **un** ben noto **risultato**
(cfr.p.es. SEVERI $[83]$, p.241), secondo il quale è **n u l l a**
l a   s o m m a dei **r e s i d u i   d i** R(x,y) in tutti i punti (al finito ed all'infinito) della curva (7), e cioè la **somma**
dei periodi polari – divisi per $2\pi i$ – dell'integrale abeliano
$\int_{C} R(x,y)\,dx$ attaccato a questa curva. Avuto riguardo alla (9*),
si vede intanto subito che è nullo il residuo in ciascuno dei

punti di diramazione della funzione y=y(x) definita implicita-
mente dalla (7). Per ciò che concerne i punti restanti, nei quali
è lecito assumere x $\sigma \frac{1}{x}$ quale parametro uniformizzante, una
facile analisi mostra che:

1) In un punto fisso O di T, la funzione R ammette un polo
del 1° ordine con residuo uguale al residuo di T nel punto medesimo.

2) In un punto P all'infinito di C, la funzione R ammette
uno zero del 1° ordine con residuo -b.

3) In un punto Q, la funzione R ammette un polo del 1° ordine con residuo ν .

4) In ogni altro punto di C la funzione R risulta olomorfa,
ed ha quindi residuo nullo.

Si ha pertanto:

$$\sum_0 \omega - mb + \sum_Q \nu = 0 .$$

Basta quindi sommare questa equazione a membro a membro con la
(9) per dedurre che è $\sum \omega = \beta$, ossia per dimostrare la (6)
nelle ipotesi attuali.

L'analisi precedente, con opportune lievi varianti, permette
anche di stabilire la (6) per una qualunque T a valenza zero,
dotata di punti fissi di molteplicità qualsiansi. Questo caso
può altresì venir trattato col ricondurlo al precedente; a ciò si
perviene agevolmente, considerando T (com'è lecito, cfr. SEVERI
$\left[84\right]$, p.226) quale limite di una T^* variabile, ancora a valenza zero e dotata soltanto di punti fissi semplici, ed applicando
a T^* il risultato testé ottenuto combinato assieme al penultimo
teorema del n. 34.

Prima di passare al caso generale stabiliamo la (6) in altri due casi particolari.

Una generica g_h^1 di C ammette 2(h+p-1) punti doppi distinti,
e definisce su C una c o r r i s p o n d e n z a T e l e m e n-

t a r e ; associante fra loro due punti - generalmente distinti - che appartengano ad un medesimo suo gruppo. Una siffatta T ha manifestamente indici (h-1 , h-1), valenza +1, ed i suoi punti fissi sono i suddetti 2(h+p-1) punti doppi, ciascuno dei quali risulta punto fisso semplice di T. Poichè - in virtù del carattere involutorio di T e del n.34 - in ciascuno di questi punti T ha residuo 1/2, ne consegue la (6) nelle ipotesi attuali.

Consideriamo in secondo luogo su C due generiche corrispondenze elementari T_1, T_2, definite da due serie lineari $g_{h_1}^1$, $g_{h_2}^1$, ed il loro prodotto $T = T_1 \cdot T_2$. Questo ha gli indici$((h_1-1) \cdot (h_2-1),$ $(h_1-1) \cdot (h_2-1))$ e la valenza -1, ed i suoi punti fissi sono quelli costituenti le coppie (0',0") che si corrispondono sia in T_1 che in T_2, ciascuno dei quali risulta punto fisso semplice di T. Il numero di queste coppie vale notoriamente $(h_1-1)(h_2-1)-p$ (cfr.p.es. ENRIQUES-CHISINI [28] ,p.74). D'altro canto, in virtù del carattere involutorio delle T_1, T_2, nell'intorno di una qualunque di quelle coppie (0',0") risulta $T^{-1} = T_1^{-1} \, T \, T_1$; poichè T_1 scambia fra loro 0' ed 0", così - in base anche ad un precedente risultato (n.34) - ne consegue che la somma dei residui di T in 0' ed 0" vale 1. Si verifica quindi senz'altro la validità della (6) nelle ipotesi attuali.

Se ora T denota una q u a l u n q u e corrispondenza a valenza $\gamma \neq 0$, si stabilisce subito per essa la (6), applicando - com'è lecito - la stessa (6) alla corrispondenza a v a - l e n z a z e r o che si ottiene sommando T con $|\gamma|$ corrispondenze del primo e del secondo dei due tipo testè considerati (a valenza +1 o -1), secondochè $\gamma < 0$ o $\gamma > 0$, ed usufruendo del primo teorema del presente numero.

36. CARATTERIZZAZIONE GEOMETRICA DEGLI INTEGRALI ABELIANI E DEI LORO RESIDUI.

Nel numero precedente abbiamo usufruito della nozione di residuo di un integrale abeliano e del teorema affermante che è nulla la somma dei residui di un qualunque integrale abeliano. Ci proponiamo ora di dare v e s t e   p u r a m e n t e   g eo m e t r i c a a quella nozione ed a questo teorema. Oltre all'interesse intrinseco dei rèsultati a cui così perverremo, l'applicazione di questi nelle argomentazioni del n. 35 condurrà subito ad un(interpretazione geometrica dei residui delle corrispondenze algebriche (diversa da quella fornita dal n. 34), nonchè della relazione (6) ad essi relativa. Analoghe applicazioni potranno poi venir fatte anche in relazione a sviluppi futuri, nei quali ripetutamente interverranno i residui di certi integrali abeliani.

E' noto anzitutto che ogni integrale abeliano $\mathfrak{J}$ attaccato ad una curva algebrica irriducibile C, determina su C due gruppi λ, μ di punti legati fra loro dall'equivalenza

$$(10) \qquad \lambda \equiv \mu + K ,$$

ove k denota un gruppo canonico (effettivo o virtuale) di C, e λ, μ si definiscono nel modo seguente. Il gruppo μ consiste dei p u n t i   s i n g o l a r i di $\mathfrak{J}$: precisamente un punto di C in cui $\mathfrak{J}$ abbia un polo di ordine s, eventualmente sovrapposto ad una singolarità logaritmica, va contato in μ con molteplicità s+1; mentre un punto in cui $\mathfrak{J}$ abbia soltanto una singolarità logaritmica va contato in μ semplicemente. Il gruppo λ consiste dei p u n t i   d o p p i di $\mathfrak{J}$, ossia di ciascun punto di C in cui valga l'equazione d$\mathfrak{J}$ /dt =0, ove t è un qualunque parametro uniformizzante nell'intorno del punto, che si mantenga ivi finito, la molteplicità del punto stesso in λ essendo ugua-

le alla molteplicità della corrispondente radice per l'equazione
suddetta.   I gruppi λ e μ non hanno nessun punto comune. Viceversa, assegnati comunque su C due gruppi siffatti legati dalla
(10), l'integrale $\mathfrak{J}$ risulta da essi determinato a meno di
un'arbitraria c o s t a n t e c m o l t i p l i c a t i v a
non nulla.

Detti rispettivamente ℓ ed m, gli ordini di λ e μ , e
designato con p il genere di C, in base alla (10) risulta

$$\ell = m + 2p - 2$$

Tenuto conto del citato teorema dei residui si ha che, affinchè
$\mathfrak{J}$ ammetta qualche residuo non nullo, occorre che μ consti
almeno di due punti distinti; e che, se μ non comprende che
due punti, i residui di $\mathfrak{J}$ in questi sono necessariamente opposti
fra loro. Basterà perciò limitarci al caso in cui μ contenga
a l m e n o t r e p u n t i distinti, sicchè m $\geqslant$ 3; e si
tratterà di <u>determinare geometricamente i mutui rapporti dei resi-</u>
<u>dui in questi punti</u> di uno qualunque degli integrali c$\mathfrak{J}$ definiti
dai gruppi λ , μ , che si suppongono privi di punti comuni e
legati dalla (10). Tali residui verranno detti i residui i n
q u e i p u n t i d i μ r e l a t i v a m e n t e a λ .

Posto per abbreviare

$$K = \ell - p = m + p - 2 ,$$

ed in virtù della m $\geqslant$ 3, è subito visto che la serie lineare
completa $|\lambda|$ è una g_ℓ^k non speciale, priva di coppie mentre. Pos-
siamo quindi sostituire a C l'i m a g i n e p r o i e t t i v a
di questa g_ℓ^k, la quale per semplicità verrà ancora designata con
C. Così, pertanto, C diventa una curva algebrica irriducibile
d'ordine ℓ di un S_k, priva di punti multipli e λ risulta il

gruppo dei punti segati su di essa da un certo S'_{k-1} di S_k.
Inoltre - tenuto conto della (10) - si vede che μ consta di m
punti (distinti od infinitamente vicini) di C nessuno dei quali
giace su S_{k-1}; e che questi punti sono precisamente congiunti
da un S_{m-2} che coincide con S_k od è uno spazio subordinato di S_k
secondochè p=0 o p> 0.

Per maggiore chiarezza di esposizione, distinguiamo le due
alternative in cui gli m punti di μ siano o non siano distinti.
Nel primo caso, si constata facilmente ch'essi risultano ad
m-1 ad m-1 linearmente indipendenti e si dimostra che:

Il rapporto dei residui di μ relativamente a λ in due
punti M_1,M_2 distinti di μ vale - $(M_2 M_1\ NN')$, dove N ed N' denotano rispettivamente le intersezioni della retta $M_1 M_2$ coll'S_{m-3}
di S_{m-2} congiungente gli m-2 punti di μ distinti da M_1,M_2,
e col suddetto S'_{k-1}.

Il fatto che la somma dei residui nei vari punti di μ vale dunque sempre zero, è allora corollario immediato del seguente semplicissimo teorema di geometria proiettiva (in cui si assuma r=m-2, e si prenda S_{r-1} coincidente con l'intersezione di
S_{m-2} ed S'_{k-1}).

Assegnati comunque in un S_r r+2 punti $M_1,M_2,\ldots,M_{r+2}$ ad
r+1 ad r+1 linearmente indipendenti (r$\geq$1) ed un S_{r-1} che non
contenga nessuno di essi, si considerino su ogni retta $M_i M_j$
(i$\neq$j; i,j=1,2,...,r+2) i punti $N_{ij}\ (=N_{ji})$, $M'_{ij}\ (=N'_{ji})$ ov'essa
rispettivamente incontra l'iperpiano congiungente gli r punti
M distinti da M_i, M_j, ed il dato S_{r-1}. Si può allora associare
a ciascun punto M_i un numero $\varrho_i \neq 0$, in modo tale che si abbia

$$(M_i M_j\ N_{ij}\ N'_{ij}) = - \varrho_j/\varrho_i$$

Questi r+2 numeri ϱ risultano così determinati a meno di un fat

<u>tore di proporzionalità</u> (ad esempio , ridotto S_r a spazio affine coll'assumere ivi S_{r-1} quale iperpiano all'infinito, si può identificare ϱ_i col volume del simplesso che ha per vertici gli $r+1$ punti M distinti da M_i, preso con segno opportuno); <u>inoltre i suddetti ϱ_i hanno sempre per somma zero.</u>

Il caso in cui μ non consti di m punti distinti dà luogo a qualche maggior complicazione, in quanto - per ogni punto di molteplicità q+1 - conviene considerare lo spazio S_q ivi osculatore a C. Più precisamente si ha che:

<u>Se μ consta di $s(\geqslant 3)$ punti M_1 da contarsi con date molte-plicità q_i+1 $(q_i \geqslant 0,\ i=1,2,\ldots,s,\ m = \Sigma\, q_i+s)$, i mutui rapporti dei residui σ_i nei vari punti M_i del gruppo μ relativamente a λ son caratterizzati dalle uguaglianze</u>

$$(P_{ij}\ P_{ji}\ Q_{ij}\ Q'_{ij}) = - \sigma_j/\sigma_i \qquad (i \neq j;\ \ i,j = 1,2,\ldots,s)$$

<u>dove P,Q e Q' denotano i punti definiti nel modo seguente.</u>

I due spazi S_{q_i}, S_{q_j} osculatori a C nei punti M_i,M_j risultano sghembi fra loro e congiunti da uno spazio che incontra in uno ed un sol punto lo spazio congiungente i rimanenti spazi S_q. Ebbene, $Q_{ij}(=Q_{ji})$ è precisamente questo punto; P_{ij},P_{ji} sono i punti appartenenti rispettivamente agli spazi S_{q_i}, S_{q_j} e situati sulla retta per Q_{ij} incidente a questi; infine $Q'_{ij}(=Q'_{ji})$ è il punto determinato su detta retta dall'S'_{k-1} segante λ su C.

Scelti comunque su ciascuno spazio S_{q_i} q_i+1 punti M^* linear<u>mente indipendenti fra loro, si ottengono così complessivamente in S_r r+2 punti, ai quali - in relazione anche all'S_{r-1} segato da S'_{k-1} su S_r - restano associati nel modo anzidetto altrettanti numeri ϱ . Si può dimostrare che

<u>Quale numero σ_i relativo ad M_i può assumersi la somma (even</u>tualmente nulla) <u>dei numeri ϱ inerenti agli q_i+1 punti M^* gia-centi in S_{q_i}. Così si ottengono s numeri σ determinati - indi-</u>

pendentemente dalla scelta dei punti M*- a meno di un comune fat

tore di proporzionalità, ed aventi sempre per somma zero.

37. PRIME APPLICAZIONI.

Faremo ora qualche applicazione dei risultati dei nn.34,
35, nello studio delle coppie di curve algebriche tracciate su
di una superficie algebrica, F, che contenga due fasci $\{Q\}$ e
$\{\mathcal{B}\}$ di curve unisecantisi; ciò val quanto dire che si suppone
che F rappresenti birazionalmente senza eccezioni le coppie di
punti di due date curve algebriche.

Siano C,C' due curve algebriche della suddetta superficie F,
le quali incontrino rispettivamente le curve Q in α , α' punti e
le curve $\mathcal{B}$ in β , β' punti. Supponiamo inoltre che una (almeno)
delle C,C', p.es. la C', sia a v a l e n z a   z e r o (condizio
ne, questa, che è s e m p r e s o d d i s f a t t a per ogni
curva di F se le Q o le $\mathcal{B}$ sono c u r v e   r a z i o n a l i):
ciò significa che la curva composta dalle α' curve $\mathcal{B}$ passanti
pei punti comuni a C' e ad una Q , mutando questa, varia in un
sistema lineare; all'uopo notoriamente occorre e basta che su F
valga un'equivalenza del tipo

$$C' \equiv \sum_{h=1}^{\beta'} Q_h + \sum_{k=1}^{\alpha'} \mathcal{B}_k \, ,$$

dove le $Q_h, \mathcal{B}_k$ sono curve di due dati fasci (cfr.SEVERI $\begin{bmatrix}82\end{bmatrix}$,
n.14).

Da qui tosto si ricava che il numero d'intersezione $\begin{bmatrix}C \cdot C'\end{bmatrix}$ vale:

$$[c\, c'] = \sum_{h=1}^{\beta'} [c\, Q_h] + \sum_{k=1}^{\alpha'} [c\, \mathcal{B}_k] = \alpha \beta' + \alpha' \beta .$$

Supponiamo dapprima che il gruppo dei punti comuni alle
date curve C,C' consti di $\alpha\beta' + \alpha'\beta$ p u n t i   d i s t i n t i

O_r (per $r=1,2,\ldots,\alpha\beta'+\alpha'\beta$), e denotiamo ordinatamente con c_r, c_r', a_r, b_r le quattro rette (complanari) che toccano in O_r le C, C' e le curve $\mathcal{A}, \mathcal{B}$ passanti per tale punto. Abbiano allora che

<u>Gli</u> $\alpha\beta'+\alpha'\beta$ <u>birapporti $(a_r c_r c_r' b_r)$ $\big[$tutti finiti, in quanto necessariamente risulta $a_r \neq b_r$, $c_r \neq c_r'\big]$ hanno sempre per somma il numero intero $\alpha'\beta$.</u>

Per stabilire questo risultato, è lecito supporre C i r r i d u c i b i l e, poichè - se C fosse spezzata - l'asserto seguireb bo subito applicando il risultato stesso alle singole componenti di C ed alla C'. Definiamo quindi sulla curva irriducibile C la corrispondenza algebrica, T, che muta un punto A in un punto B di C quando la curva $\mathcal{A}$ uscente da A incontra su C' la curva $\mathcal{B}$ uscente da B. Questa T risulta manifestamente di indici $(\alpha\beta', \alpha'\beta)$ essa inoltre è a v a l e n z a z e r o, in virtù dell'ipotesi dianzi ammessa per C', e possiede quali p u n t i u n i t i precisamente gli $\alpha\beta'+\alpha'\beta$ punti O_r, ciascuno di questi essendo s e m p l i c e come tale. Basta allora applicare a T il teorema del n. 35 e ricordare l'ultimo capoverso del n. 34 per concludere nel modo voluto.

Il caso generale in cui C e C' abbiano un numero finito di punti a comune - nei quali esse si comportino arbitrariamente - si tratta in modo del tutto analogo, tenendo conto di quanto è stato detto nel n. 34 dopo la penultima proposizione. Otteniamo così che:

<u>In corrispondenza ad ogni intersezione O (isolata) delle curve C, C' resta definito il residuo di queste in O, il quale è un numero complesso, invariante di C, C' di fronte alle trasformazioni birazionali di F che operano regolarmente nell'intorno di O. Ebbene, se C o C' è a valenza zero, la s o m m a d e i r e s i d u i di C, C' nei vari loro punti d'intersezione è sempre uguale all'intero $\alpha'\beta$.</u>

I risultati testé ottenuti possono in particolare venir applicati a due curve algebriche C,C' tracciate su di una r i - g a t a   a l g e b r i c a   F. In tal caso si possono assumere come curve $\mathcal{A}$ le generatrici di F, e come curve $\mathcal{B}$ quelle di un qualunque fascio di sezioni iperpiane di F che non abbia come punto base nessun punto comune alle C,C'; e si noti che ciascuna curya di F è allora a v a l e n z a   z e r o (nel senso summentovato), sicchè gli anzidetti risultati acquistano ora validità incondizionata.

Nel caso ulteriormente particolare in cui F sia una s u - p e r f i c i e   q u a d r i c a, si possono identificare le $\mathcal{A}$, $\mathcal{B}$ con le generatrici delle due schiere tracciate su F. Non staremo ad enunciare le varie proprietà a cui così senz'altro si giunge, ma ci limiteremo a dare taluna fra quelle che concernono la specializzazione metrica della F in una s u p e r f i - c i e   s f e r i c a. Utilizzando la classica formula di LAGUERRE, risulta subito che:

Date due curve algebriche tracciate su di una sfera e che in nessuno dei punti comuni (reali od immaginari) fra loro si tocchino, la somma delle cotangenti dei relativi angoli d'intersezione vale sempre un intero moltiplicato per l'unità imaginaria; ed è nulla se, e soltanto se, le due date curve sferiche sono fra loro algebricamente dipendenti, ciò che ha sempre luogo s'esse sono entrambe reali.

Da qui, con opportuna proiezione stereografica della sfera, si ricava che:

Una curva piana algebrica d'ordine pari 2 m, che contenga con molteplicità m ciascuno dei due punti ciclici, ed una qualunque curva algebrica del suo piano che contenga questi punti colla stessa molteplicità (d'altronde arbitraria) $\nu \geqslant 0$ e che in nessun punto al finito risulti a quella tangente, determinano nei punti propri comuni angoli le cui cotangenti hanno per somma lo zero.

Aggiungiamo da ultimo che gli sviluppi precedenti offrono
anche il modo di vedere - senza alcuna difficoltà - in qual guisa gli ultimi due enunciati vadano modificati, nell'ipotesi che
le curve ivi considerate abbiano comportamenti arbitrari nei
punti comuni.

38. L'EQUAZIONE DI JACOBI ED ALCUNE CONSEGUENZE.

Abbiamo ottenuto nel n. 37 ampie categorie di coppie di curve algebriche tracciate su di una superficie algebrica, per le
quali gli elementi differenziali delle due curve che hanno per
centri i vari punti ad esse comuni risultano fra loro legati in
modo assai semplice. Ciò suggerisce la ricerca di t u t t i i
legami che intercedono fra elementi siffatti; più in generale, è
chiaro come ogni p r o b l e m a a l g e b r i c o d'i n-
t e r s e z i o n e dia luogo a tutto un complesso di q u e -
s t i o n i a l g e b r i c o - d i f f e r e n z i a l i i n
g r a n d e concernenti gli elementi e le faccette differenziali che risultano variamente connessi con quel problema.

Nel presente numero ci occuperemo delle questioni di questo
tipo collegate col t e o r e m a d i BEZOUT, e cioè relative
agli elementi differenziali dei vari ordini determinati dalle
intersezioni di due date curve di un piano. In conformità cogli
sviluppi precedenti, a tal uopo avremo sovente occasione di introdurre degli i n v a r i a n t i d i f f e r e n z i a l i
d'i n t e r s e z i o n e sotto forma di r e s i d u i di
integrali abeliani, il che presenta quattro notevoli vantaggi:
1°) per la d e f i n i z i o n e di siffatti invarianti non
sarà necessario distinguere le innumerevoli modalità relative
al comportamento delle due date curve nei punti comuni; 2°) il
c a l c o l o di tali invarianti potrà venir effettuato nei vari
casi non procedimento regolare del tutto privo di difficoltà;
3°) un s i g n i f i c a t o g e o m e t r i c o per gli in-

varianti medesimi verrà fornito dal n.36; 4°) il teorema sull'annullarsi della somma dei residui degli integrali abeliani, del quale abbiamo ottenuto nel n.36 una semplice interpretazione geometrica, fornirà delle p r o p r i e t à i n g r a n d e - del tipo voluto - relative ai suddetti invarianti. Non vi saranno poi difficoltà, per ciò che concerne la considerazione dei residui di un integrale abeliano, nel caso in cui la curva a cui questo è attaccato venga a spezzarsi (cfr. il n.37).

Se n, ν sono due qualunque interi positivi, denotiamo con C_n e Γ_ν due curve algebriche di un piano dei rispettivi ordini n e ν , prive di componenti comuni, e con $G_{n\nu}$ un gruppo di $n\nu$ punti distinti dello stesso piano. Mediante semplici considerazioni algebriche si dimostra che:

Se non è simultaneamente n=1 o 2, e ν=1 o 2, un $G_{n\nu}$ che sia l'intersezione di una C_n ed una Γ_ν è a s s o c i a t o rispetto alle $C_{n+\nu-3}$ del piano, ossia presenta non più di $n\nu-1$ condizioni alle $C_{n+\nu-3}$ che debbano contenerlo. Viceversa, ogni $G_{n\nu}$ che sia associato rispetto alle $C_{n+\nu-3}$, e che giaccia su di una C_n i r r i d u c i b i l e , risulta l'intersezione completa di questa con una Γ_ν ; l'esistenza di una siffatta C_n è a prio ri assicurata se $n \geqslant 2\nu-3$.

Se, per fissare le idee, supponiamo $n \geqslant \nu$, da qui risulta che il numero c delle condizioni distinte a cui un $G_{n\nu}$ dev'essere assoggettato affinchè esso risulti l'intersezione di una C_n con una Γ_n è

$$c = (n-1)\cdot(n-2) \qquad \text{se } n = \nu, \quad \text{e } c= \nu\cdot(n-3)+1 \quad \text{se } n > \nu.$$

Tali condizioni possono venir scritte esplicitamente in vari modi, alcuni dei quali risulteranno dal seguito. Aggiungasi che, preso un qualsiasi intero $\ell \geqslant 1$, se in ciò che precede si sostituisce a Γ_ν la curva $(\ell+1)\,\Gamma_\nu$ (data da Γ_ν contata $\ell+1$ volte), il gruppo $G_{n\nu}$ viene sostituito dagli $n\nu$ e l e m e n t i d i f - f e r e n z i a l i E_j^ℓ $(j = 1,2,\dots,n\nu)$, d'ordine ℓ , aventi

per centri i vari punti di $G_{n\nu}$ e giacenti su C_n. Questi elementi
risultano pertanto legati fra loro da opportune condizioni; e si
vede che <u>il numero delle relazioni passanti fra i suddetti $n\nu$
elementi E_j^{ℓ} indipendenti fra loro e da quelle che intercedono
fra gli $n\nu$ elementi $E_j^{\ell-1}$,è dato precisamente da</u> $t_{\ell} = \ell\nu^2 + \nu(\nu-3)/2$
(sicchè ad esempio $t_{\ell} = \ell-1$ se $\nu=1$).

Allo scopo di poter formulare in modo esplicito le relazioni in questione, introduciamo nel piano coordinate cartesiane
(x,y), con riferimento ad assi x,y situati genericamente rispetto alla curva C ed al gruppo $G_{n\nu}$; supponiamo inoltre che $G_{n\nu}$
consti di $n\nu$ punti $P_j(x_j,y_j)$ distinti ed al finito, e che C sia
irriducibile e possegga n distinti punti all'infinito, Q_i
(i=1,2,...,n; j=1,2,..., $n\nu$). Siano

$$(11) \qquad f(x,y) = 0, \qquad\qquad \varphi(x,y)=0$$

le equazioni rispettive di C, Γ , ed $f^*(x,y)$, $\varphi^*(x,y)$ denotino
i complessi dei loro termini di gradi n e ν nelle x,y. Designato infine con $\alpha(x,y)$ un qualunque polinomio di grado non superiore ad $n+\nu-2$ nelle x,y, e con $\alpha^*(x,y)$ il complesso dei relativi termini di grado $n+\nu-2$ (sicchè $\alpha^*=0$ se α ha grado $\leq n+\nu-3$),
consideriamo l'integrale abeliano

$$(12) \qquad J = \int \frac{\alpha(x,y)\,dx}{f_y(x,y)\,\varphi(x,y)}$$

attaccato a C. E' subito visto che i punti singolari di J non
possono che cadere nei punti P_j e Q_i, nei quali esso ha rispettivamente come residuo $\alpha(x_j,y_j)/J(x_j,y_j)$ e $-\alpha^*(1,t_i)/[f_y^*(1,t_i)$
$\varphi^*(1,t_i)]$, dove si è posto $J(x,y)=\partial(\varphi,f)/\partial(x,y)$ e t_i denota
la radice dell'equazione $f^*(1,t)=0$ che dà il coefficiente ango-
lare del punto improprio Q_i. Ne consegue l' i d e n t i t à

$$(13) \qquad \sum_{j=1}^{n\nu} \frac{\alpha(x_j,y_j)}{J(x_j,y_j)} = \sum_{i=1}^{n} \frac{\alpha^*(1,t_i)}{f_y^*(1,t_i)\,\varphi^*(1,t_i)} \quad ;$$

questa poi si riduce in particolare all' e q u a z i o n e d i
JACOBI

$$(14) \qquad \sum_{j=1}^{n\nu\,\prime} \frac{\alpha(x_j, y_j)}{J(x_j, y_j)} = 0,$$

nell'ipotesi che $\alpha(x,y)$ abbia grado $\leq n+\nu-3$.

La (14) fornisce un s i s t e m a di relazioni, in quanto
contiene i coefficienti di $\alpha(x,y)$ come parametri arbitrari. Essa implica che una curva $\alpha(x,y)=0$ d'ordine $n+\nu-3$ passante per
$n\nu-1$ punti di $G_{n\nu}$ debba contenere $G_{n\nu}$ per intero, e quindi fornisce appunto le richieste condizioni per $G_{n\nu}$. Va rilevato che
la (14) sussiste anche se C incontra la retta all'infinito in
punti non tutti distinti. Inoltre, se - variando C o Γ - due o
più punti P_j vengono a coincidere in un unico punto P_o al finito,
in esso J si annulla, sicchè i corrispondenti addendi nella somma
(14) tendono ciascuno all'infinito; però la somma di questi addendi ha un limite determinato e finito, ottenibile come residuo
dell'integrale (12) nel suddetto punto P_o. Ciò permette di sostituire in ogni caso alla (14) un'equazione che ne faccia le veci,
caratterizzante $G_{n\nu}$. Così, ad esempio, se in P_o le C,Γ hanno
un c o n t a t t o s e m p l i c e, l'espressione che in (14)
va sostituita ai d u e addendi che diventano infiniti è il valore in P_o di

$$2\,\frac{\{\alpha, f\}}{\{J, f\}} - \frac{2\alpha}{3\{J, f\}^2}\left[J_{xx} f_y^2 - 2 J_{xy} f_x f_y + J_{yy} f_x^2 + \right.$$
$$\left. + \left(\{\varphi_x, f\}\{f_y, \varphi\} - \{f_x, \varphi\}\{\varphi_y, f\}\right) f_y/f_y \right],$$

dove abbiamo denotato con $\{u,v\}$ il determinante jacobiano di due
funzioni u,v delle x,y.

Considerazioni analoghe possono farsi per la relazione più
generale (13). In essa può ad esempio assumersi

$$\alpha(x,y) = a\, f_x \varphi_x + b\, f_x \varphi_y + c\, f_y \varphi_x + d\, f_y \varphi_y \ ,$$

dove a,b,c,d, siano quattro costanti arbitrarie; allora il secondo membro della (13) - e conseguentemente pure il primo membro - vengono a dipendere soltanto dai punti all'infinito delle C,Γ. Scelto in particolare a=b=1, c=d=0, se ne trae agevolmente la seguente proposizione dovuta a HUMBERT $[39]$, la quale parzialmente comprende l'ultimo teorema del n.37.

Se due curve algebriche di un piano euclideo si incontrano in punti tutti distinti ed al finito, la somma delle cotangenti degli angoli sotto cui esse in questi si tagliano non dipende che dai punti all'infinito delle due curve. Tale somma si annulla se una delle due curve è un cerchio o, più generalmente, una curva d'ordine 2 m segante la retta all'infinito nei punti ciclici contati m volte.

39. LE RELAZIONI DI REISS E SUE ESTENSIONI.

Riferiamoci nuovamente a due curve C_n, Γ_ν in posizione generica, rappresentate dalle (11). A norma del numero precedente, per ottenere t u t t i i legami fra gli elementi differenziali E_j^ℓ - da esse definiti - basta procedere nel modo che ora preciseremo. Si consideri anzitutto , in luogo di (12), l'integrale abeliano

$$J_\ell = \int_C \frac{\alpha(x,y)\,dx}{f_y(x,y)\,\varphi^{\ell+1}(x,y)}$$

dove ora $\alpha(x,y)$ denoti un polinomio arbitrario di grado $\leqq n+(\ell+1)\nu -3$ nelle x,y. I legami richiesti si otterranno scrivendo che la somma dei residui di α è nulla per ogni scelta di α , ed eliminando fra le relazioni che così risultano le derivate d'ordine $>\ell$ delle funzioni f e φ calcolate nei punti P_j.

Il procedimento conserva la sua validità, a prescindere da varianti concettualmente inessenziali, comunque si particolarizzi-
no le curve C e Γ ; esso inoltre fornisce altresì per via taluno dei legami che intercedono fra gli elementi differenziali
d'ordine $> \ell$.

Così, per fare un esempio semplice, se si assume $\ell=1$,
$\alpha =(\varphi \varphi_{yy} - \varphi_y^2)f_y$, e si suppongono le C,Γ in posizione generica, si giunge alla notevole identità

$$(15) \qquad \sum_{j=1}^{n \cdot \nu} \frac{y_j''(\kappa_j) - \eta_j''(\kappa_j)}{\left[y_j'(\kappa_j) - \eta_j'(x_j)\right]^3} = 0 ,$$

dove $y=y_j(x)$ ed $y=\eta_j(x)$ rispettivamente denotino le equazioni
locali di C e Γ nell'intorno del punto P_j (x_j,y_j).

La (15) potrebbe facilmente venir generalizzata in varie
direzioni. Se, come caso estremamente particolare, si prende
quale curva Γ una retta y = cost. genericamente situata rispetto a C, la (15) si riduce alla r e l a z i o n e   d i   REISS
$\sum_{i=1}^{n} y_i'' / y_i'^3 = 0$, alla quale si può anche dare la forma metrica

$$(16) \qquad \sum_{i=1}^{n} \frac{\kappa_i}{1en^3 \tau_i} = 0 ,$$

in cui τ_i designa l'angolo sotto cui C_n incontra la retta Γ in
P_i e κ_i denota la curvatura di C_n in questo punto; è questa la
condizione necessaria e sufficiente affinchè n E_2 coi centri
su di una retta appartengano ad una C che non abbia quella retta
come parte. Va inoltre rilevato che in conformità di ciò che
s'è detto nel n.38, abbiamo il mezzo di estendere la portata delle (15),(16), in modo da renderle utilizzabili qualunque sia il
comportamento delle curve C, Γ nei punti ad esse comune.

Così, ad esempio, assunto Γ coincidente con l'asse x, si ottiene in ogni circostanza una relazione - che si riduce alla (16) nel caso in cui C e Γ si incontrino in n punti distinti - esprimendo che <u>è nulla la somma dei residui dell'integrale abeliano</u> $\int_c dx/y^2$ <u>nei punti di intersezione di C e Γ , relativi ai singoli rami di C uscenti da questi punti</u>; detti residui si chiameranno semplicemente i <u>residui dei rami</u> corrispondenti. Con un'analisi priva di difficoltà, si vede allora che un <u>ramo d'ordine p e classe q non vien così a dare alcun contributo se p< q ed il ramo non tocca</u> Γ , <u>risultando allora nullo il suo residuo</u>; <u>esso ha un residuo dipendente dall'intorno d'ordine 2p sul ramo medesimo se p$\geq$ q e se il ramo non tocca</u> Γ ; ha un residuo ϱ <u>dipendente dall'intorno d'ordine 2p+3q, se il ramo tocca</u> Γ .

Negli ultimi due dei tre casi testé indicati, consideriamo una qualunque curva algebrica $\bar{C}$ che rispettivamente contenga l'intorno specificato, ed abbia l'ordine p+1 o p+q+1. Allora $\bar{C}$ segherà Γ in uno ed un sol punto distinto dall'origine del ramo; e tale punto sarà origine di un $\bar{E}_2$ di $\bar{C}$, avente per residuo $-\varrho$. Si ottengono così in tutto al variare di C soltanto ∞^2 $\bar{E}_2$, ciascuno dei quali si dirà <u>associato</u> al ramo suddetto in relazione alla retta Γ ; tali $\bar{E}_2$ possono anche venir caratterizzati con l'ovvia proprietà che <u>risulta la stessa cosa dire che un E_2 col centro su Γ e non tangente a Γ ha residuo ϱ , o ch'esso sta sopra una conica con uno, e quindi con ciascuno, di quegli $\bar{E}_2$.</u> In virtù del teorema di REISS e della sua anzidetta estensione, abbiamo allora che:

<u>Date comunque in un piano una retta Γ ed una C_n non avente Γ come componente, si considerino i vari rami di $\bar{C}_n$ uscenti dai punti comuni a Γ e C_n, ad esclusione dei rami non tangenti a Γ la cui classe ne superi l'ordine. Se m ($\leq$ n) è il numero di tali rami, m elementi del 2° ordine (coi centri su Γ) ad essi rispettivamente associati appartengono sempre a qualche curva</u>

algebrica d'ordine m, non contenente Γ me parte.

Mostreremo da ultimo come - mediante un opportuno procedimento che **fa** soltanto intervenire delle operazioni di derivazione-da ogni identità della forma

(17)
$$\sum_{j=1}^{n\nu} \wp(x_j, y_j) = 0,$$

dove $\wp(x_j, y_j)$ sia una funzione razionale delle coordinate x_j, y_j del punto P_j i cui coefficienti dipendano dagli elementi differenziali d'ordine ℓ di **E**, Γ coi centri in P_j, si possano dedurre varie altre identità consimili inerenti agli elementi d'ordine ℓ +1.

Scegliamo all'uopo ad arbitrio, due polinomi $f_1(x,y)$, $\varphi_1(x,y)$ di gradi non superiori ad n, ν di cui uno al più possa eventualmente svanire in modo identico, e consideriamo le curve

$$F(x,y) \equiv f(x,y) + \lambda f_1(x,y) = 0, \qquad \phi(x,y) \equiv \varphi(x,y) + \lambda \varphi_1(x,y) = 0.$$

Quando λ è sufficientemente piccolo in valore assoluto, queste si segano in $n\nu$ punti $(X_j(\lambda), Y_j(\lambda))$, ordinatamente prossimi ai punti P_j (j=1,2,...,$n\nu$). Applicando ad essi la (17), otteniamo una relazione della forma $\sum R(X_j, Y_j) = 0$, valida identicamente in un intorno di $\lambda = 0$. Si noti poi che, per $\lambda = 0$, si ha ovviamente $X_j = x_j$, $Y_j = y_j$ ed inoltre $F_x = f_x$, $F_y = f_y$, $F_{xx} = f_{xx}$, ecc., sicchè - sempre per $\lambda = 0$ - risulta

$$\frac{\partial R(X_j, Y_j)}{\partial X_j} = \frac{\partial \wp(x_j, y_j)}{\partial x_j}, \qquad \frac{\partial R(X_j, Y_j)}{\partial Y_j} = \frac{\partial \wp(x_j, y_j)}{\partial y_j}.$$

Se ora poniamo $\lambda = 0$ nelle equazioni che si hanno derivando rispetto a λ le identità

$$f(X_j, Y_j) + \lambda f_1(X_j, Y_j) = 0, \quad \varphi(X_j, Y_j) + \lambda \varphi_1(X_j, Y_j) = 0, \quad \sum_{j=1}^{n\nu} R(X_j, Y_j) = 0$$

142

e quindi eliminiamo le $2n\nu$ quantità $X'_j(0)$, $Y'_j(0)$ fra le $2n\nu+1$
equazioni così ottenute, giungiamo alla relazione

$$\sum_{j=1}^{n\nu}\left[\frac{\{\vartheta,\varphi\}f_1-\{\vartheta,f\}\varphi_1}{\{\varphi,f\}}\right]_{P_j}=0,$$

che è del tipo voluto. Rammentiamo che in essa f_1 e φ_1 sono due
polinomi a r b i t r a r i di gradi non superiori ad n e ν ,
e le graffe hanno il significato di jacobiani.

Nel caso particolare in cui sia $\nu=1$ (ed $n\geqslant 2$ qualsiasi),
si può assumere $f_1\equiv 0$ e $\varphi_1\equiv x,y,1$. Con ciò il procedimento precedente, applicato alla (17),conduce alle tre relazioni,

$$\sum_{j=1}^{n\nu}\left[\frac{\{\vartheta,f\}x}{\{\varphi,f\}}\right]_{P_j}=0,\quad \sum_{j=1}^{n\nu}\left[\frac{\{\vartheta,f\}y}{\{\varphi,f\}}\right]_{P_j}=0,\quad \sum_{j=1}^{n\nu}\left[\frac{\{\vartheta,f\}}{\{\varphi,f\}}\right]_{P_j}=0;$$

queste però riduconsi a d u e s o l e distinte, ottenendosi
palesemente da'identità quando le si sommino dopo aperle ordinatamente moltplicate per i coefficienti a,b,c, dell'equazione
ax+by+c=0 di Γ . In modo analogo si vede che, applicando quel
medesimo procedimento alle due relazioni suddette, si ricavano
complessivamente s o l t a n t o t r e nuove relazioni; e
così via.

Dunque, partendo dalla relazione di REISS fra gli elementi
E_j^2 del 2° ordine, si ottengono in tal guisa $l-1$ relazioni distinte fra n elementi E^l d'ordine $l\geqslant 2$ coi centri allineati e giacenti su di una C_n piana, indipendenti da quelle passanti fra
gli E^{l-1} di C_n coi medesimi centri. In base al n.38, ciò fornisce
t u t t e le t_l relazioni che intercedono fra tali elementi.

40. <u>ULTERIORI PROPRIETA' ALGEBRICO-DIFFERENZIALI.</u>

Termineremo la presente Lezione, indicando un certo numero
ri problemi di intersezione che conducono a p r o p r i e t à
a l g e b r i c o - d i f f e r e n z i a l i di tipi assai
diversi da quelli trattati nei numero precedenti, ma aventi con
queste talune affinità.

In un piano proiettivo reale, chiameremo "c u r v a" ogni
insieme di un numero finito di circuiti (un circuito essendo
l'imagine topologica di un cerchio). Un problema importante è
quello di vedere quali condizioni ulteriori convenga aggiungere
per l'a l g e b r i c i t à di una "curva" siffatta, e cioè
per poter asserire ch'essa coincide con, o giace in, una curva
algebrica di dato ordine. V'è naturalmente una grande latitudine
nella scelta delle suddette condizioni suppletive, il che suggerisce ricerche in direzioni disparate: comunque la scelta dovrà
venir fatta in modo da condurre possibilmente a risultati semplici e non banali. Un esempio in proposito è fornito dal seguente
teorema.

<u>Nel piano esistono "curve" incontrate rispettivamente dalle
rette e dalle coniche in non più di tre ed in non più di sei
punti, questi massimi essendo, effettivamente raggiunti, e che
tuttavia non coincidono con - né giacciono in - una curva piana
del terz'ordine. Invece una "curva" che dalle cubiche piane che
non la contengono sia incontrata come massimo in nove punti,
necessariamente coincide con - o giace in - una curva piana algebrica reale, del terz'ordine.</u>

E' notevole il fatto che in quest'enunciato non entri nessuna ipotesi di d i f f e r e n z i a b i l i t à, le sole condizioni ammesse riguardando il n u m e r o d i certe intersezioni. Appare però probabile che, ove si vogliano ottenere risultati ulteriori in quell'ordine di idee, sia d'uopo fare intervenire simultaneamente opportune condizioni inerenti alla

differenziabilità ed alle intersezioni. Ciò è illustrato dall'esem
pio che segue relativo però alle curve dello spazio.

In uno spazio proiettivo (reale o complesso) a tre dimensioni,
consideriamo sei rami lineari L_i (i=1,2,...,6) - di c l a s s e
d i f f e r e n z i a l e C^1, - le cui origini stiano in un piano α nhe non tocchi nessuno di essi. Allora ogni piano π sufficientemente prossimo ad α sega L_i in uno ed un sol punto
P_i, e si ha che:

Affinchè i sei rami L_i giacciano simultaneamente su di una
quadrica che non tocchi il piano α, occorre e basta che - per
ogni scelta di π nell'intorno di α - i sei punti P_i stìano su
di una conica irriducibile.

Ne consegue che:

Le curve algebriche d'ordine ≥ 6 tracciate su di una quadrica sono le sole curve algebriche sghembe che ammettono ∞^3 coniche 6-secanti.

Non è però a credersi che sia possibile di caratterizzare
in modo consimile le curve tracciate su di una superficie cubica
o su di una superficie algebrica d'ordine superiore. Infatti, ad
esempio,

Esistono curve algebriche sghembe del 10° ordine non giacen
ti su nessuna superficie cubica, le quali tuttavia sono segate
dal generico piano dello spazio in dieei punti situati su di una
cubica piana.

Il problema di c a r a t t e r i z z a r e le curve algebriche mediante proprietà di natura algebrico-differenziale, può
manifestamente venir legato a quello di i n d i v i d u a r e
tali curve assegnando opportuni elementi di quest'ultimo tipo.
Così, ad esempio, si ha che

Una curva algebrica d'ordine $n \geq 5$, che stia su di una
quadrica assegnata e che incontri le generatrici di un dato siste-

<u>ma in r $\geqslant$ 1 punti e quelle dell'altro in n-r $\geqslant$ r punti, risulta univocamente determinata quando sulla quadrica si prescrivano per essa in modo generico: n punti (distinti) di una sezione piana, gli E_1 aventi per centri n-1 di questi punti, gli E_2 relativi ad n-3 degli E_1 precedenti, e così via fino ad n-2r+1 E_r (contenenti altrettanti degli n-2r+3 E_{r-1} già fissati).</u>

Questo risultato permette di c o n t a r e quante sono le relazioni distinte intercedenti fra elementi differenziali della curva suddetta, scelti in modo da contenere un insieme di sotto-elementi del tipo testé elencato. Volendo determinare effettivamente siffatte relazioni, ci si può anzitutto ridurre al piano mediante proiezione stereografica della quadrica, per poi applicare – con opportune varianti – i metodi indicati nei nn. 33,39.

<u>NOTIZIE STORICHE E BIBLIOGRAFICHE.</u>

Le considerazioni e gli sviluppi del n.34 concernenti i r e s i d u i d e l l e c o r r i s p o n d a n z e f r a c u r v e trovansi già in B.SEGRE $\left[69\right]$, a prescindere dall'i n-t e r p r e t a z i o n e g e o m e t r i c a di detti residui, che qui compare per la prima volta sotto forma generale ed esplicita; preliminari al riguardo, vi son già tuttavia in B.SE-GRE $\left[65\text{ e }69\right]$. L'importante c o m p l e m e n t o a l p r i n c i p i o d i c o r r i s p o n d e n z a di cui al n.35 devesi a B.SEGRE $\left[68,69\right]$, al quale pure risalgono le c a r a t-t e r i z z a z i o n i g e o m e t r i c h e dei residui degli integrali abeliani esposte nel n.36 (cfr.B.SEGRE $\left[74\right]$), nonchè le a p p l i c a z i o n i fatte nel n.37 (cfr.B.SEGRE $\left[65\right]$); relativamente a queste ultime, va però avvertito che un caso particolare del teorema finale del n.37 quello che da esso si ottiene per ν =0, trovasi già – altrimenti stabilito – in G.HUMBERT $\left[39\text{ , teoremi II e IV}\right]$.

Circa l'ufficio fondamentale avuto in geometria algebrica dall'i d e n t i t à   d i JACOBI, e sull'ampia bibliografia che ad essa si riferisce, cfr. B.SEGRE $\left[75\right]$. A quest'ultimo autore sono dovuti alcuni dei risultati del n.38, come pure la derivazio ne sistematica delle proprietà ivi esposte dalla t e o r i a d e i   r e s i d u i. Lo stesso può dirsi per le proprietà trattate nel n.39, le quali tutte risalgono (assieme ad altre consimili) a B.SEGRE $\left[75\right]$, a prescindere naturalmente dal caso semplice del t e o r e m a   d i REISS. Per la storia intricata e curiosa di questo teorema e per la bibliografia ad esso relativa cfr. BOMPIANI $\left[19\right]$, al quale spetta l'introduzione degli elementi E_2 a s s o c i a t i nel caso di rami di tipo abbastanza semplice $\{$ precisamente, con le notazioni del n.39, per $(p,q)=(1,1),(1,2),(2,1)\}$, e l'estensione del teorema di REISS a rami siffatti.

Il primo teorema del n.40 è tratto da B.SEGRE $\left[79\right]$; il secondo da B.SEGRE $\left[78\right]$. Il corollario del secondo teorema concernente le c u r v e a l g e b r i c h e d i u n a q u a d r i c a è stato poi riottenuto direttamente con metodi algebri ci da E.MARCHIONNA $\left[49\right]$, il quale ha anzi dimostrato che una curva gobba algebrica irriducibile – d'ordine $n > 6$ – appartiene necessariamente ad una quadrica, se ognuna delle sue sezioni cogli ∞^2 piani di una stella (per il cui centro passi soltanto un numero finito di corde e nessuna trisecante della curva) possiede sei punti su di una conica. L'ultimo teorema del n.40 devesi a BOMPIANI $\left[15\right]$, che ha pure studiato similmente il caso delle quartiche gobbe di 1^a e di 2^a specie.

LEZIONE SESTA

ESTENSIONI ALLE VARIETA' ALGEBRICHE .

Mostreremo ora come molte delle proprietà relative alle
curve, di cui alla precedente Lezione, possano venir estese alle
v a r i e t à   s u p e r i o r i. Si ha qui un vasto campo di
ricerche non ancora del tutto sfruttato, in quanto varie delle
proprietà di cui tratteremo potrebbero venir meglio approfondite
e si potrebbe anche pensare a generalizzazioni di altri tipi.

41. <u>GENERALIZZAZIONI DELL'EQUAZIONE DI JACOBI.</u>-

Consideriamo un sistema di $r \geqslant 2$ equazioni algebriche in
altrettante incognite:

$$(1) \qquad f_1(x_1, x_2, \dots, x_r) = 0, \; f_2(x_1, x_2, \dots, x_r) = 0, \dots, f_r(x_1, x_2, \dots, x_r) = 0,$$

dei gradi rispettivi $n_1, n_2, \dots, n_r$ e ammettiamo dapprima ch'esso
non presenti particolarità nei confronti delle sue soluzioni.
Più precisamente, in un S_r ove le $(x_1, x_2, \dots, x_r)$ si interpretino
quali coordinate non omogenee di punto, supponiamo che le $r-1$
ipersuperficie $f_1 = 0, \dots, f_{r-1} = 0$ si seghino in una curva C, priva
di punti multipli e componenti improprie, la quale seghi la
$f_r = 0$ in $N = n_1 n_2 \dots n_r$ punti P_j, distinti e tutti al finito, e l'i-
perpiano all'infinito in $N' = n_1 \dots \,_{r-1}$ punti distinti Q_i; faremo
inoltre l'ipotesi, non restrittiva, che l'asse x_1 non contenga
nessuno dei punti Q_i e non sia parallelo a nessuna delle rette
tangenti a C nei punti P_j . Ponendo per abbreviare $f_{hk} = \partial f_h / \partial x_k$
ed indicando con J_{hk} il complemento algebrico di f_{hk} nel determinante jacobiano J delle f rispetto alle x $(h, k = 1, 2, \dots, r)$
avremo pertanto che in nessun punto di C le $J_{r1}, J_{r2}, \dots, J_{rr}$ si
annullano simultaneamente, e che in ogni punto Q_i è $J_{r1} f_r \neq 0$;

inoltre lungo C varranno le

$$d x_1 : d x_2 : \cdots : d x_r = J_{r1} : J_{r2} : \cdots : J_{rr} .$$

Preso un qualunque polinomio α nelle x, di grado non superiore ad $n_1 + n_2 + \ldots + n_r - r$, consideriamo l'integrale abeliano

$$J = \int_C \frac{\alpha \, dx_1}{J_{r1} f_r} = \int_C \frac{\alpha \, dx_2}{J_{r2} f_r} = \cdots = \int_C \frac{\alpha \, dx_r}{J_{rr} f_r}$$

attaccato a C. E' subito visto ch'esso non possiede punti singolari distinti dai punti P e Q; ed esprimendo che la somma dei suoi residui in questi punti è nulla, si ottiene la seguente
i d e n t i t à generalizzante quella di JACOBI (n. 38)

$$(2) \qquad \sum_{J=1}^{N} \left(\frac{\alpha}{J} \right)_{P_j} = \sum_{i=1}^{N'} \left(\frac{x_1 \, \alpha}{J_{r1} f_r} \right)_{Q_i} .$$

Il secondo membro della (2) è nelle ipotesi attuali finito, dipende, soltanto dalle varietà luoghi dei punti impropri delle r ipersuperficie (1), e si annulla identicamente se il grado del polinomio α non supera $n_1 + n_2 + \ldots + n_r - (r+1)$. Notiamo che, nel caso restante in cui questo polinomio abbia esattamente il grado $n_1 + n_2 + \ldots + n_r - r$, il secondo membro dipende formalmente dall'ordine in cui sono state considerate le ipersuperficie (1); esso però non dipende di fatto da quest'ordine, a prescindere dal segno, ciò essendo manifesto per il primo membro della (2). Dalla (2) si trae così un certo numero di r e l a z i o n i d'altro tipo, uguagliando fra loro le espressioni fornite dal secondo membro della (2) in corrispondenza ai vari ordinamenti delle (1).

Ricordiamo poi che la (2) è stata da noi ottenuta sotto

certe ipotesi di generalità per le (1). Taluna di queste restrizioni può però venir tolta mediante un'ovvia argomentazione di continuità; sicchè si può enunciare che:

Se le ipersuperficie (1) si tagliano in un numero finito di punti P_j, che siano distinti e tutti al finito, e se α denota un polinomio nelle x di grado $\leq \sum n-r$, allora $\sum (\alpha / J)_{P_j}$ dipende soltanto dalle varietà luoghi dei punti impropri delle suddette ipersuperficie, e si annulla se α ha grado $\leq \sum n-(r+1)$.

La relazione (2) può p.es. venir applicata assumendo

$$\alpha (x_1, x_2, \ldots, x_r) = \sum_{(h)} a_{h_1 h_2 \cdots h_r} f_{1h_1} f_{2h_2} \cdots f_{rh_r},$$

con le $\underline{a}$ costanti arbitrarie non tutte nulle. Allora il primo membro della (2)-alterato per un conveniente fattore costante $K \neq 0$ - ammette un significato geometrico intrinseco. Si dimostra infatti che $K(\alpha / J)_{P_j}$ risulta un invariante proiettivo di intersezione delle ipersuperficie (1) nel punto P_j, considerate ànsieme ad una relazione multilineare fissa sull'iperpiano all'infinito di S_r, rappresentata ivi ponendo la condizione $\sum a_{h_1 h_2 \ldots h_r} u_{1h_1} u_{2h_2} \ldots u_{rh_r} = 0$ fra gli iperpiani $u_{\ell_1} x_1 + u_{\ell_2} x_2 + \ldots + u_{\ell_r} x_r = 0$ ($\ell = 1, 2, \ldots, r$). Da ciò potrebbero trarsi varie conseguenze, sia di natura proiettiva che metrica.

Il teorema poc'anzi dimostrato si estende subito al caso di intersezioni multiple, purchè queste si mantengano tutte proprie ed in numero finito. Più presicamente, se un punto P_j assorbe h ≥ 2 intersezioni delle (1), gli h termini corrispondenti della somma a primo membro nella (2) vanno sostituiti dal residuo in P_j dell'integrale abeliano J .

Ulteriori estensioni possono anche ottenersi nell'ipotesi in cui il numero delle intersezioni diventi infinito. Si presentano allora svariate possibilità: ma qui ci limiteremo ad un caso relativamente semplice, che può bastare per dare un'idea della potenza del metodo,

Supponiamo che <u>le (1) si intersechino lungo una</u> V_d $(1 \leqslant d \leqslant r-1)$ priva di punti multipli, ed ulteriormente in un gruppo di $N(< n_1 n_2 \ldots n_r)$punti distinti P_j, nessuno dei quali cada sulla V_d od all'infinito. Le r-1 iperpuperficie $f_1 = 0, \ldots, f_{r-1} = 0$ si segheranno allora fuori di V_d secondo una curva C, che dapprima supporremo priva di punti multipli ed incontrante l'iperpiano all'infinito di S_r in $N'(< n_1 \ldots n_{r-1})$ punti distinti Q_i. Consideriamo come dianzi l'integrale abeliano $\mathfrak{I}$ attaccato a C: attual<u></u>mente esso non può avere punti singolari distinti dai punti P_j e Q_i e dai punti R secondo cui C si appoggia a V_d. In ogni punto R siffatto, tutte le ipersuperficie del sistema lineare $\lambda_1 f_1 + \ldots +$ $+ \lambda_{r-1} f_{r-1} = 0$ ammettono uno stesso S_{d+1} tangente; sicchè R risulta punto base d-plo per il sistema lineare $\mu_1 \mathfrak{I}_{r1} + \mu_2 \mathfrak{I}_{r2} + \ldots + \mu_r \mathfrak{I}_{r2} = 0$. Ne consegue che se <u>l'ipersuperficie $\alpha = 0$ passa per V con molteplicità</u> $\geqslant d+1$ nessuno di quei punti R risulta singolare per $\mathfrak{I}$, onde – sotto tale ipotesi – <u>la (2) conserva integralmente la sua validità</u> (a prescindere dal nuovo significato dei simboli). Questo risultato può poi venir esteso facilmente al caso in cui C possegga qualche punto multiplo. Inoltre, qualora si presentassero coincidenze fra i punti P_j o Q_i che figurano nella (2), questa relazione dovrebbe venir modificata in un modo che si desume senza difficoltà da ciò che precede.

42. <u>GENERALIZZAZIONI DELLA RELAZIONE DI REISS.</u>

Un'analisi analoga a quella del numero precedente può venir applicata ad integrali abeliani opportuni di tipo un po' diverso da quello dell'integrale $\mathfrak{I}$ ivi considerato, deducendone conseguenze generalizzanti in vario modo i risultati del n.39. Noi qui

ci limiteremo ad estendere la relazione di REISS. Partiamo al-
l'uopo dall'integrale $\int_{c} dx_1/f_{E}^2$, dove le ipotesi e le notazioni
sono ancora quelle del principio del n.41. Posto per abbreviare

$$J_i = \frac{\partial J}{\partial \kappa_i} \, , \qquad J_{h.k.l} = \frac{\partial J_{h.k}}{\partial \kappa_i} \, ,$$

col solito procedimento otteniamo l'identità

$$(3) \qquad \sum_{j=1}^{N} \left(\sum_{i=1}^{r} \frac{J_{r1} \, J_{ri} \, J_i - J \, J_{ri} \, J_{r1i}}{J^3} \right)_{P_j} = 0 \, ,$$

la quale fornisce un <u>legame fra le calotte del 2° ordine</u> delle
ipersuperficie (1) aventi per centri gli N punti P_j i n t e r s e
z i o n i di queste. Altri legami vengon forniti senz'altro
dalla (3) assumendo com'è lecito in luogo di talune fra le $f_1, f_2,$
...., f_r che abbiano lo stesso grado, generiche loro combinazio-
ninlineari a coefficienti costanti.

Possiamo in particolare applicare la (3) al caso in cui i
P siano punti di u n a r e t t a, che non è restrittivo supporre coincidente con l'asse x_1. Ora pertanto potremo prendere

$$f_h = a_{h2} x_2 + \cdots + a_{hr} x_r \qquad (h = 2, \ldots, r),$$

dove le a_{hk} siano $(r-1)^2$ costanti di determinante $A \neq 0$; supponiamo inoltre che f sia un qualunque polinomio di grado $n (\geqslant 2)$
nelle $x_1, x_2, \ldots, x_r$, avente n radici x_1 distinte per $x_2 = \ldots = x_r = 0$,
polinomio che designeremo anche con φ e del quale denoteremo
le derivate apponendo degli indici in basso alla φ. Attualmente la (3) si riduce ad una relazione quadratica omogenea nei
complementi algebrici A_{rh} delle a_{rh} nel suddetto determinante A;
uguagliando a zero il coefficiente di $A_{rh} A_{rk}$, otteniamo l'identità

153

$$(4) \qquad \sum_{j=1}^{n} \left[\frac{\varphi_{h}\varphi_{K}\varphi_{11} - \varphi_{1}(\varphi_{h}\varphi_{1K} + \varphi_{K}\varphi_{1h}) + \varphi_{1}^{2}\varphi_{hK}}{\varphi_{1}^{3}} \right]_{P_{j}} = 0 \qquad (h, K = 2, 3, \ldots, r).$$

Abbiamo così in tutto $r(r-1)/2$ <u>relazioni</u>, che si può dimostrare essere non soltanto <u>necessarie</u>, ma altresì generalmente <u>sufficien ti</u>, affinchè <u>n calotte del 2° ordine di S_{r}-coi centri sopra una retta ℓ e non tangenti alla ℓ</u> - <u>giacciano su di una ipersuperfi- cie d'ordine n non passante per ℓ</u> .

Notiamo che ciascuna delle espressioni che compaiono nella (4) entro parentesi quadre risulta covariante di fronte alle tra- slazioni lungo l'asse x_{1}. Tenuto anche conto del carattere proiet_ tivo del complesso delle suddette relazioni fra calotte, ne discen de che:

<u>Se n calotte del 2° ordine coi centri su di una retta appartengono ad un'ipersuperficie d'ordine n di S_{r} non passante per ℓ</u> , <u>della stessa proprietà vengono a godere le calotte che si deducono dalle date quando le si sottopongonoad arbitrarie omologie speciali coi centri su</u> ℓ .

Ci proponiamo ora di dare dei s i g n i f i c a t i g e o- m e t r i c i per le $r(r-1)/2$ condizioni (4). Una prima inter- pretazione geometrica segue da quelle già ottenute nel n. 39, (per r=2), osservando che le (4) equivalgono alle equazioni che si ot tengono applicando la relazione di REISS alla ℓ ed alla curva segata sull'ipersuperficie $\varphi = 0$ da un piano variabile attorno ad ℓ. Altre interpretazioni più dirette si hanno nel modo seguente, anzitutto per i primi valori di n efacendo naturalmente l'ipotesi che sia $r \geqslant 3$.

P e r n=2 , è intanto evidente che due calotte del 2° ordine di S_{r} giacenti su di una quadrica che non passi per la retta ℓ congiungente i loro centri, debbono avere <u>coni asintoti- ci seganti in una stessa V_{r-3}^{2} lo spazio S_{r-2} polare di ℓ rispetto alla quadrica</u> (tale V_{r-3}^{2} essendo la sezione di S_{r-2} con la quadrica). Ciò fornisce già $(r-2)(r+1)/2$ condizioni distinte per le due calotte: sicchè vi sarà u n a   s o l a   c o n d i z i o- n e   ulteriore, e questa permetterà - nota che sia la curvatura di una delle due calotte, della quale già si conosca il cono asin̲ totico - di determinare la curvatura dell'altra, di cui sia parimenti noto il cono asintotico. Alla suddetta condizione si può dare la forma metrica

$$(5) \qquad \frac{K_1}{\cos^{2r+1}\alpha_1} = (-1)^{r+1}\frac{K_2}{\cos^{2r+1}\alpha_2} \; ,$$

dove K_1 e K_2 siano le curvature delle due calotte ed α_1, α_2 denotino gli angoli determinati dalla ℓ con le loro normali. Sotto forma proiettiva, il complesso delle $r(r-1)/2$ condizioni in questione attualmente equivale a ciò che <u>le due calotte debbono venir scambiate fra loro dall'emologia armonica che ha per centro un qualunque punto di ℓ distinto dai centri di quelle e che trasforma l'uno nell'altro i due iperpiani tangenti.</u>

P e r   n = 3, riferiamoci ad un'ipersuperficie cubica φ ed alle tre sue calotte del $2°$ ordine di centri le intersezioni $0',0'',0'''$ con una retta ℓ generica. La φ e l'ipersuperficie cubica spezzata negli iperpiani π', π'', π''' tangenti nei centri alle tre calotte determinano un fascio, e questo contiene un'iper̲ superficie , diciamola ψ , passante per ℓ . Per tale ψ , ciascuno dei tre punti $0',0'',0'''$ è manifestamente punto doppio, onde la ψ ammette la retta ℓ come luogo di punti doppi. Le prime polari dei singoli punti di ℓ rispetto a ψ formano un f a s c i o e costituiscono d'altronde i coni quadrici tangenti a ψ in tali punti; è chiaro inoltre che quelli fra essi relativi ai punti $0',0'',0'''$ segano rispettivamente su π', π'', π''' i coni asintotici delle tre calotte. Pertanto, affinchè tre calotte del $2°$ ordine coi centri su di una retta ℓ e non tangenti ad ℓ giacciano su di un'ipersuperficie cubica che non passi per ℓ , occorre che <u>i coni quadrici proiettanti i loro coni asintotici</u>

<u>dalla ℓ appartengano ad un fascio.</u> Ciò fornisce in tutto
(r-2)(r+1)/2-1=r(r-1)/2-2 condizioni per le tre calotte; le rimanenti d u e determinano allora i mutui rapporti delle curvature di queste.

 P e r n$\geqslant$4 si può procedere induttivamente poggiando sui
casi già visti, dopo aver osservato che, in base alle (4), sussiste il seguente teorema.

 <u>Date n calotte del 2° ordine coi centri su di una retta</u>
<u>che non tocchi nessuna di esse, affinchè esista un'ipersuperfi-</u>
<u>cie d'ordine n che le contenga, occorre e basta che - distribui-</u>
<u>te le n calotte (in un modo, e conseguentemente in modo qual-</u>
<u>siasi) in m gruppi di $i_1, i_2, \ldots, i_m$ calotte, ove 2 $\leq$ m $\leq$ n-1 ed</u>
$i_1+i_2+\ldots+i_m$=n - <u>se si costruiscono genericamente delle ipersu-</u>
<u>perficie degli ordini</u> i_1+1, i_2+1,$\ldots,i_m$+1 <u>che contengano quei</u>
<u>gruppi di calotte, le m calotte residue di queste coi centri</u>
<u>su ℓ appartengano ad un'ipersuperficie d'ordine m non passante</u>
<u>per ℓ</u> .

 E' infine superfluo rilevare come il metodo dei residui,
da noi seguito, permetta di trattare del pari i casi in cui l'i-
persuperficie φ e la retta ℓ abbiano nei punti comuni comportamenti qualsiansi.

43. <u>SUL RESIDUO DI UNA TRASFORMAZIONE ANALITICA IN UN PUNTO</u>
   <u>FISSO SEMPLICE.</u>

 Sia T una corrispondenza analitica ∞^n di una V_n complessa in sè, che ammetta un punto (semplice) 0 di V_n come p u n t o
f i s s o s e m p l i c e . Ciò significa che la varietà rappre-
sentativa di T sul prodotto $W_{2n}=V_n \times V_n$ è una varietà analitica
di dimensione n, passante semplicemente per 0 $\times$ 0 ed ivi non
tangente alla varietà diagonale di W. Ne consegue che - introdotte comunque nell'intorno di 0 su V_n coordinate permissibili
$(x_1, x_2, \ldots, x_n)$, che non è restrittivo supporre tutte nulle in 0 -

in quell'intorno le equazioni di T possono venir scritte nella forma

$$(6) \qquad f_h(x_1, x_2, \ldots, x_n; \; X_1, X_2, \ldots, X_n) = 0 \quad (h = 1, 2, \ldots, n),$$

dove le X sono le coordinate del trasformato mediante T di un punto x, le f_h sono n funzioni analitiche dei loro 2n argomenti che si annullano per valori tutti nulli di questi, ed inoltre, posto per abbreviare

$$(7) \qquad f'_{hK} = \frac{\partial f_h}{\partial x_K}, \qquad f''_{hK} = \frac{\partial f_h}{\partial X_K}, \qquad f_{hK} = f'_{hK} + f''_{hK} \quad (h, K = 1, 2 \ldots n),$$

$$(8) \qquad D = \det\left[f_{hK} \right]_{h, K = 1, 2, \ldots n},$$

e denotando con un indice zero in basso la sostituzione dello zero in luogo di ciascuna delle x e delle X, risulta

$$(9) \qquad \left[D \right]_0 \neq 0$$

Nelle ipotesi suddette, e tenuto conto dei nn.2,3, resta definito il r e s i d u o di T in O: è questo un numero complesso, che denoteremo con la lettera ω (eventualmente munita degli stessi indici di T, qualora si dimostri opportuno attribuire qualche indice a T). Ci proponiamo di c a l c o l a r e ω, definita che sia T mediante le (6).

Supponiamo intanto che si abbia

$$(10) \qquad \det\left[f''_{hK} \right]_0 \neq 0$$

Possiamo allora risolvere le (6) rispetto alle X nell'intorno di O, ottenendo così equazioni del tipo delle (1) del n.8. Basta al-

lora usufruire dell'espressione di ω data alla fine del n.8,
esplicitando ivi le derivate delle funzioni X delle x definite
dalle (6) (calcolate nel punto 0) mediante le derivate delle f_h,
per vedere che è:

$$(11) \qquad \omega = \left[(D_1 + D_2 + \cdots + D_n)/D \right]_0 = \left[\sum_{h=1}^{n} \sum_{k=1}^{n} f''_{hk} D_{hk} /D \right]_0$$

dove abbiamo posto

$$(12) \qquad D_k = \det\left[f_{h,1} \cdots f_{h,K-1} \, f''_{hK} \, f_{h,K+1} \cdots f_{hn} \right]_{h=1,2,\ldots,n}$$

e D_{hk} denota il complemento algebrico dell'elemento f_{hk} nel determinante (8).

Il secondo membro della (11) si conserva finito anche se
il determinante (10) si annulla. Una semplice argomentazione,
di continuità allora che la (11) si mantiene valida anche se la
(10) cessa di valere, sicchè <u>la (11) sussiste sotto la sola ipotesi che valga la (9).</u>

Detto ω^* il residuo in 0 della corrispondenza T^{-1} inversa
della T, in base alle (9), (11), si ha

$$\omega^* = \left[\sum_{h=1}^{n} \sum_{k=1}^{n} f'_{hk} D_{hk} /D \right]_0 ,$$

talchè risulta

$$(13) \qquad \omega + \omega^* = n .$$

Pertanto:

<u>Una corrispondenza e la sua inversa hanno in ogni punto</u>
<u>fisso che sia semplice come punto dell'una, e quindi pure come</u>
<u>punto fisso dell'altra, residui la cui somma uguaglia la dimen-</u>
<u>sione n della varietà su cui esse operano.</u>

Come corollario si ha che, <u>se T nell'intorno di O ha carattere involutorio, il residuo di T in O non può che valere n/2.</u>

44. <u>ALCUNI CASI PARTICOLARI NOTEVOLI.</u>

Nel n. 43 abbiamo stabilita la (11) sotto la sola condizione che sia verificata la (9): quest'ultima non esclude però che
la T possa in qualche modo d e g e n e r a r e nell'intorno di
O. Esamineremo ora alcuni casi caratteristici al riguardo, per
ciascuno dei quali le ipotesi e le notazioni del n. 43 verranno
sottintese, salvo esplicito avviso in contrario.

a) Supponiamo che – nell'intorno di O – la corrispondenza
<u>T muti i singoli punti di V_n in punti di una $V_{n'}$ analitica fissa,</u>
<u>passante semplicemente per O ($1 \leq n' \leq n-1$). La T subordinerà al-</u>
lora in $V_{n'}$ una corrispondenza analitica T', detta la <u>restrizio-</u>
<u>ne di T a $V_{n'}$</u> : vedremo che <u>T' è una corrispondenza $\infty^{n'}$ avente</u>
<u>in O un punto fisso semplice,</u> e che <u>il residuo ω' di T' in O</u>
<u>è legato al residuo ω di T dalla semplice relazione,</u>

(14)
$$\omega = \omega' + n - n'.$$

Con opportuna scelta delle coordinate x nell'intorno di O
su V_n, si può far sì che $V_{n'}$ abbia le equazioni

$$x_{n'+1} = 0, \quad x_{n'+2} = 0, \cdots, x_n = 0.$$

Allora le equazioni (6) di T riduconsi alla forma

$$f_h(x_1, x_2, \ldots, x_n; X_1, X_2, \ldots X_n) = 0 \quad (h = 1, 2, \ldots, n'),$$
$$X_{n'+1} = X_{n'+2} = \cdots = X_n = 0;$$

sicchè su $V_{n'}$ – ove le $x_1, x_2, \ldots, x_{n'}$ risultano coordinate ammissibili – la corrispondenza T' ha le equazioni

159

$$f_h\left(x_1, x_2, \ldots, x_{n'}, 0, \ldots, 0; X_1, X_2, \ldots, X_{n'}, 0, \ldots, 0\right) = 0$$
$$(h = 1, 2, \ldots, n').$$

Adottando per T' notazioni analoghe a quelle ammesse per T, ne conseguono le uguaglianze:

$$D'=D, \quad D'_1=D_1, \quad D'_2=D_2, \ldots, D'_h=D_{n'}, D_{n'+1}=\ldots=D_n=D.$$

Pertanto la (9) implica l'analoga relazione per T', ciò che dimostra la prima parte dell'asserto; di più, il confronto della (11) con l'equazione consimile relativa a T' fornisce senz'altro la parte rimanente espressa dalla (14).

b) Supponiamo che T <u>muti i singoli punti di V_n nel punto O</u>: allora le equazioni di T possono venir scritte nella forma $X_1=X_2=\ldots=X_n=0$, sicchè <u>risulta $\omega=n$</u>.

Applicando la proprietà a) o la b) alla T^{-1}, ed usufruendo del risultato conseguito nel n.43 con la (13), si ottengono subito le due seguenti proposizioni.

c) Supponiamo che T – nell'intorno di O – <u>operi</u> (non già su tutti i punti di V_n, ma) <u>soltanto sopra i punti di una $V_{n'}$ analitica</u> passante semplicemente per O. Allora la <u>restrizione</u> di <u>T a $V_{n'}$ ha in O lo stesso residuo della T</u>.

d) Una trasformazione T che <u>degeneri totalmente</u>, nel senso di mutare O in un punto variabile comunque su V_n, ha in O un <u>punto fisso semplice a residuo nullo</u>.

e) I risultati contenuti in b) e d) si possono estendere facilmente alle <u>corrispondenze degeneri di specie m</u>, chiamando così una T che associ ad ogni punto di una prima V_m fissa di V_n un punto variabile arbitrariamente sopra una seconda varietà V_{n-m} di V_n $(0 \le m \le n)$. Si constata anzitutto senza difficoltà che T risulta a n a l i t i c a se, e soltanto se, tali sono le V_m, V_{n-m}; che i p u n t i   f i s s i di T sono precisamente i punti comuni alle V_m, V_{n-m}; infine che uno, O, di questi punti è p u n t o   f i s s o   s e m p l i c e di T se, e soltanto se, esso è un'intersezione semplice di V_m e V_{n-m}. Fatte tutte queste ipotesi, il residuo di T in O uguaglia il residuo della restrizione di T a V_m, in base a c); ma quest'ultimo residuo vale precisamente m, in virtù di b, sicchè:

Una qualunque corrispondenza degenere di specie m ammette il residuo m in ogni suo punto fisso semplice.

f) Supponiamo ora V_n immersa in una varietà analitica W_r, di dimensione $r > n$, nella quale sia data una corrispondenza analitica, K, di dimensione 2r-n. La restrizione T di K a V_n è una corrispondenza analitica, generalmente ∞^n, ottenibile anche come restrizione a V_n delle corrispondenze ∞^r, K' e K", definite su W_r nel modo seguente. Si considerino le corrispondenze degeneri ∞^{r+n} (fra loro inverse), che rispettivamente mutano un qualunque punto di V_n in un qualunque punto di W_r, ed un qualunque punto di W_r in un qualunque punto di V_n; le i n t e r s e z i o- n i di K con queste sono ordinatamente le K', K" suddette.

Si vede subito che un punto semplice O di V_n risulta p u n to f i s s o di T se, e soltanto se, esso è tale per K',K"; e che un punto fisso O, che sia s e m p l i c e per una delle T,K',K", è anche semplice per le altre due.
In quest'ipotesi, detti rispettivamente $\omega, \omega', \omega''$ i residui delle T,K',K" in O, valgono le

$$(14') \qquad \omega = \omega' , \qquad\qquad \omega = \omega'' + n - r$$

Ciò si ha infatti senz'altro applicando le c),a) alla T, considerata ordinatamente come restrizione delle K', K" a V_n.

Il contenuto formale delle (14') risulta chiaro in base alla (11), ma non sarà inutile di esplicitarlo. Prese su W_r coordinate locali $(x_1, x_2, \ldots, x_r)$, siano

$$(15) \qquad \varphi_i (x_1, x_2, \ldots, x_r) = 0 \qquad\qquad (i = 1, 2, \ldots, n-r)$$

equazioni locali di V_n. Se T attualmente si rappresenta s-u
V_n con equazioni della forma

$$(16) \qquad f_h(x_1, x_2, \ldots, x_r; X_1, X_2, \ldots, X_r) = 0 \qquad (h = 1, 2, \ldots, n),$$

il punto fisso O risulta s e m p l i c e se vale la (9), ove
ora si assuma $\varphi_{ij} = \partial \varphi_i / \partial x_j$ (j=1,2,...,r) e

$$D = \det \left[\begin{matrix} f_{hj} \\ \varphi_{ij} \end{matrix} \right].$$

La prima delle (14') esprime il residuo ω di T in O mediante
l'equazione

$$\omega = \left[(D_1 + D_2 + \cdots + D_r)/D \right]_0,$$

nella quale si ponga

$$D_j = \det \left[\begin{matrix} f_{h1} \cdots f_{h,j-1} & f''_{hj} & f_{h,j+1} \cdots f_{hr} \\ \varphi_{i1} \quad \varphi_{i,j-1} & 0 & \varphi_{i,j+1} \cdots \varphi_{ir} \end{matrix} \right].$$

45. RELAZIONI FRA RESIDUI IN UNO STESSO PUNTO.

Ritorniamo alle ipotesi e notazioni del n. 43. Presa una
qualunque combinazione $i_1, i_2, \ldots, i_s$ dei numeri $1, 2, \ldots, n$, dove s
denoti un intero soddisfacente alle $1 \leq s < n$, distribuiamo le
equazioni (6) in due sistemi parziali, l'uno formato dalle equazioni (6*) fornite dalla (6) per $h = i_1, i_2, \ldots, i_s$, l'altro formato
dalle rimanenti n-s equazioni. Ponendo in queste ultime $X_1 = x_1$,
$X_2 = x_2, \ldots, X_n = x_n$, otteniamo un sistema rappresentante su V_n una
<u>varietà analitica s-dimensionale</u> avente un punto semplice in O,
la quale verrà designata con $V_s^{(i_1 i_2 \ldots i_s)}$. Su questa, le suddette equazioni (6*) rappresentano una <u>corrispondenza ∞^s</u> dotata di
un punto fisso semplice in O; denoteremo con $T_{i_1 i_2 \ldots i_s}$ questa
corrispondenza e con $\omega_{i_1 i_2 \ldots i_s}$ il suo residuo in O.

Esaminiamo anzitutto il caso in cui s=1. Otteniamo allora su V_n nel modo anzidetto n curve $V_1^{(h)}$ (h=1,2,...,n) uscenti da O in direzioni fra loro indipendenti, e su ciascuna di queste una corrispondenza analitica, T_h, avente in O un punto fisso semplice, con residuo ω_h. Ci proponiamo di dimostrare che <u>sussiste l'uguaglianza</u>

$$(17) \qquad \omega = \omega_1 + \omega_2 + \cdots, \omega_n .$$

Basta invero applicare il n.44, f) a T_h, per vedere che è

$$\omega_h = \left[\left(D_1^h + D_2^h + \cdots + D_n^h \right)/D \right]_0 ,$$

dove attualmente D si esprime con la (8) e D_k^h vale precisamente $f''_{hk} D_{hk}$; ne consegue tosto la (17), in base alla (11).

Se ora applichiamo il medesimo procedimento alla corrispondenza $T_{i_1 i_2 \dots i_s}$, vediamo che questa definisce in modo analogo su $V_s^{(i_1 i_2 \dots i_s)}$ s curve uscenti da O, le quali <u>vengono a coincidere con le</u> $V_1^{(i_1)}$, $V_1^{(i_2)}$,...,$V_1^{(i_s)}$, e su queste s corrispondenze, le quali ordinatamente <u>non sono altro che le</u> $T_{i_1}, T_{i_2}, \dots, T_{i_s}$. In base alla (17) si ha quindi

$$\omega_{i_1 i_2 \dots i_s} = \omega_{i_1} + \omega_{i_2} + \cdots + \omega_{i_s} ,$$

eppertanto

$$\sum \omega_{i_1 i_2 \dots i_s} = \binom{n-1}{s-1} \omega ,$$

ove la somma si estenda a tutte le combinazioni di classe s dei numeri 1,2,...,n.

Agli s t e s s i r i s u l t a t i si perviene qualora si rappresenti T(come alla fine del n.44) mediante le (15),(16), e si definiscano le $V_s^{(i_1 i_2 \dots i_s)}$, $T_{i_1 i_2 \dots i_s}$ aggregando alle

equazioni (15) di V_n le equazioni ottenute dalle (£6) col medesimo procedimento con cui dianzi siamo giunti agli enti omonimi a
partire dalle (6). Basta invero sostituire le (16) con le equazioni che da esse se deducono esprimendovi le x,X in funzione di
n parametri che iniformizzàno l'intorno di O su V_n, e rammentare
la p r o p r i e t à d' i n v a r i a n z a dei residui
(nn. 2,8).

46. <u>SUL RESIDUO TOTALE DELLE CORRISPONDENZE A VALENZA ZERO SOPRA</u>
        <u>LE VARIETA' ALGEBRICHE.</u>

    Sia V_n una qualunque v a r i e t à   a l g e b r i c a
i r r i d u c i b i l e priva di punti multipli, e T denoti una
c o r r i s p o n d e n z a   a l g e b r i c a ∞^n di V_n in sè
che possegga soltanto punti fissi isolati e semplici, pertanto in
numero N finito, diciamoli $O_1, O_2, \ldots, O_N$. Potremo supporre $n \geqq 2$,
il caso n = 1 essendo già stato precedentemente studiato (nn. 34-
37). La somma

$$\Omega(T) = \omega(O_1) + \omega(O_2) + \cdots + \omega(O_N)$$

dei residui della T nei suoi punti fissi si chiamerà il <u>residuo</u>
<u>totale</u> di T; è questo a priori un n u m e r o   c o m p l e s s o,
i n v a r i a n t e di fronte alle trasformazioni birazionali
prive di eccezioni, o che almeno agiscano regolarmente sui punti
$O_1, O_2, \ldots, O_N$, il quale manifestamente <u>dipende con continuità dal-</u>
<u>la T.</u>   Posto $\Omega(-T) = -\Omega(T)$, in base alla precedente defini-
zione si ha senz'altro il c a r a t t e r e   a d d i t i v o
dei residui totali espresso dalla:

$$\Omega(T_1 \pm T_2) = \Omega(T_1) \pm \Omega(T_2)$$

inoltre, avuto riguardo alla proposizione finale del n. 43, risulta

                    B.Segre

che

(18) $$\Omega(T) + \Omega(T^{-1}) = n\,N$$

Ci proponiamo di dimostrare il seguente

TEOREMA I. Ogni corrispondenza algebrica a valenza zero (nel senso di SEVERI [87,88]) dotata soltanto di punti fissi semplici, ammette per residuo totale un numero intero.

La proprietà è intanto senz'altro verificata dalle corrispondenze algebriche d e g e n e r i di specie qualsiasi, in forza del n.44, e). Dimostramola, in secondo luogo, pèr le c o r r i s p o n d e n z e d i ZEUTHEN g e n e r a l i z z a t e a valenza zero $\left(\text{relativamente alle quali cfr. SEVERI }[88]\,,\text{p.109}\right)$.

Una T di questo tipo, può venir definita pensando anzitutto V_n come una varietà algebrica immersa in un S_r, ed ivi rappresentata – in coordinate non omogenee $x_1,x_2,\ldots,x_r$ – mediante un sistema di equazioni a l g e b r i c h e, riducibili nell'intorno di un punto comunque fissato su V_n alla forma (15); allora T si rappresenta s o p r a V_n con un sistema di equazioni a l g e-b r i c h e del tipo (16). Per x genericamente fissato su V_n, le (16) rappresentano una M_{r-n} di S_r segante V_n in un gruppo di un numero finito di punti – trasformati di x mediante T – ed inoltre eventualmente in una sottovarietà f i s s a A (pura od impura) di V_n. Vi potrebbero essere dei punti x e c c e z i o n a l i, per i quali accada cioè che M_{r-n} seghi V_n fuori di A in infiniti punti; ma supporremo dapprincipio che n o n e s i s t a alcun punto siffatto. Inoltre, poichè T ammette i punti fissi $O_1,O_2,\ldots$ $\ldots,O_N$ in numero finito, possiamo fare l'ipotesi – non restrittiva (in quanto la si può sempre soddisfare modificando opportunamente la rappresentazione di T) che nessuno di questi punti cada su A.

Ne consegue che,preso uno qualunque h dei numeri $1,2,\ldots,n$, le $n-1$ ipersuperficie

$$f_1(\varkappa;\varkappa)=0,\;\ldots\;,\;f_{h-1}(\varkappa,\varkappa)=0,\;f_{h+1}(\varkappa,\varkappa)=0,\;\ldots\;,\;f_n(\varkappa,\varkappa)=0$$

segano V_n, fuori di A, lungo una curva $V_1^{(h)}$; e su questa l'equazione $f_h(x_1,x_2,\ldots,x_r;\,X_1,X_2,\ldots,X_r)=0$ definisce una corrisponden za algebrica a v a l e n z a z e r o, T_h, avente i suddetti punti O come punti fissi semplici¿ In virtù del n.35, il residuo totale di quest'ultima

$$\Omega\left(T_h\right)=\omega_h\left(O_1\right)+\omega_h\left(O_2\right)+\ldots+\omega_h\left(O_N\right)$$

è un i n t e r o (uguale al 2° indice della corrispondenza T_h). Si ha d'altronde, in base alla (17) del n.45,

$$(19_0)\qquad \Omega\left(T\right)=\sum_{K=1}^{N}\omega(O_K)=\sum_{K=1}^{N}\sum_{h=1}^{m}\omega_h(O_K)=\sum_{h=1}^{n}\Omega\left(T_h\right),$$

onde segue subito l'asserto nel caso in questione.

Se ora T è una corrispondenza di ZEUTHEN qualsiasi, sommando a T talune corrispondenze degeneri opportune si ottiene una corrispondenza Θ_0, la quale risulta il l i m i t e c o m p l e t o di una Θ variabile del tipo testè esaminato (cfr.SEVERI $[86]$,n.4). Per la già rilevata proprietà di continuità dei residui totali, si ha pertanto che $\Omega(\Theta_0)$ uguaglia $\Omega(\Theta)$, che è un intero (in forza di quanto stabilito poc(anzi) il quale di fatto non può quindi mutare al variare di Θ con continuità. D'altro canto, in virtù del carattere additivo dei residui totali, $\Omega(\Theta_0)$ differisce da $\Omega(T)$ per la somma dei residui totali delle suddette corrispondenze degeneri, ciascuno dei quali $-$ come già sappiamo $-$ è un intero. Ciò dimostra che anche $\Omega(T)$ è un intero.

Dal caso $-$ dianzi trattato $-$ delle corrispondenze di ZEUTHEN

si passa subito a quelle delle c o r r i s p o n d e n z e
a r b i t r a r i e   a   v a l e n z a   z e r o, tenendo conto
del fatto noto che una qualunque T di queste ultime può venir
espressa come somma algebrica di un numero finito di quelle; ed
osservando che ciascuno degli addendi di tale somma può supporsi
dotato soltanto di punti fissi semplici, se ciò ha luogo per T.

Possiamo ora precisare il teor. I, stabilendo il

TEOREMA II. Se una corrispondenza T di una V_n in sè ha
valenza zero e possiede soltanto punti fissi semplici, detti
(α, β) gli indici e δ_1, δ_2,..... δ_{n-1} i ranghi di T, risulta precisamente,

$$(19) \qquad \Omega(T) = n\beta + \delta_1 + 2\delta_2 + \cdots + (n-1)\delta_{n-1} .$$

In base al teor. I, per il calcolo del residuo totale si può
sostituire a T una qualunque corrispondenza che sia ad essa equi-
valente (sul prodotto $V_n \times V_n$). Ora è noto (SEVERI [87,88]) che
si ha

$$(20) \qquad T \equiv S_0 + S_1 + S_2 + \cdots + S_n ,$$

dove S_m è una somma algebrica di corrispondenze degeneri di
specie m, che si può supporre dotata soltanto di punti fissi semplici (m = 0,1,...,n); ed il numero algebrico N_m dei punti fissi
di S_m vale precisamente α per m=0 vale β per m=n, ed uguaglia
il rango S_m per i valori intermedi di m. Dalla (20) si trae
quindi

$$\Omega(T) = \Omega(S_0) + \Omega(S_1) + \cdots + \Omega(S_n) ;$$

e poichè, in base al n. 44, e) si ha $\Omega(S_m)=m\,N_m$, ne consegue la
(19).

Rileviamo da ultimo che, poichè T^{-1} ha gli indici (β, α)
ed i ranghi δ_{n-1}, δ_{n-2},..., δ_1, così la (19) porge

$$\Omega\left(T^{-1}\right) = n\alpha + \delta_{n-1} + 2\delta_{n-2} + \cdots + (n-1)\delta_1 .$$

Basta quindi sommare questa uguaglianza a membro a membro con la (19), e ricordare la (18), per ottenere il <u>principio di coinci-denza di SEVERI</u> $[87,88]$:

$$(21) \qquad N = \alpha + \beta + \delta_1 + \delta_2 + \cdots + \delta_{n-1} .$$

47. <u>SUI RESIDUI IN PUNTI FISSI ISOLATI DI MOLTEPLICITA' ARBITRARIA.</u>

Ritorniamo a considerare una trasformazione T a n a l i t i c a ∞^n di una V_n c o m p l e s s a in sè, di cui sia O un p u n t o f i s s o i s o l a t o. A questo resta in modo noto attaccato un intero positivo k, la m o l t e p l i c i t à dello stesso O come punto fisso, la quale si riduce all'unità se O è punto fisso semplice e può venir caratterizzata nel modo seguente. Se, com'è certamente possibile, si fa variare T di poco con continuità, in modo da dedurre una corrispondenza T' analitica ∞^n di V_n in sè, la quale - nell'intorno di O - non possegga che punti fissi semplici (tendenti ad O quando T' tende a T) il numero di questi ultimi vale esattamente k; designeremo tali punti specificatamente con $O'_1, O'_2, \ldots, O'_k$. Ciò premesso, definiamo il <u>residuo $\omega(O)$ di T in O</u> assumendo

$$(22) \qquad \omega(O) = \lim_{T' \to T} \left[\omega'(O'_1) + \omega'(O'_2) + \cdots + \omega'(O'_k) \right]$$

dove $\omega'(O'_i)$ denoti il residuo di T' in O'_i. Questa definizione sarà lecita, non appena si sia dimostrato che:

1) il limite dato dal secondo membro della (22) esiste sempre f i n i t o;

2) tale limite risulta i n d i p e n d e n t e dal modo come la T è stata variata in T'.

E' inoltre desiderabile di

3) trovare una formula che permetta, nota la T, di c a l-
c o l a r e esplicitamente $\omega(0)$.

Per ciò che concerne i punti 1) e 2) osserviamo che ciascuno di essi involge soltanto certi i n t o r n i d i f f e r e n
z i a l i di V_n e T in $_0$O, di ordini sufficientemente elevati.
E' quindi lecito (sostituendo V_n e T con enti che li approssimi-
no in modo opportuno) supporre che V_n sia una varietà a l g e-
b r i c a, e che T risulti una corrispondenza a l g e b r i c a
di V_n in sè la quale abbia v a l e n z a z e r o e sia dotata di un numero N finito di punti fissi, dei quali k cadano
in O, mentre i rimanenti O_{k+1} ,...,O_N siano distinti, e cioè
risultino punti fissi s e m p l i c i di T. Non è restrittivo
supporre che anche T' sia algebrica a valenza zero, del pari e
che possegga N punti fissi distinti; allora, in virtù del n.46,
il residuo di T' è un i n t e r o che non dipende dal modo come
si è variata la T in T', e che può quindi venir denotato con
Ω (T). Con ciò, tenuto ancora conto del n.46, la (22) fornisce
agevolmente la:

$$\omega(0) = \Omega(T) - \left[\omega(O_{k+1}) + \cdots + \omega(O_N)\right] ;$$

e su quest'uguaglianza si leggono senz'altro le 1),2).

Risponderemo alla 3), e riotterremo in modo indipendente
le 1),2), nell'ipotesi che si possa rappresentare compiutamente
T nell'intorno di O con equazioni analitiche del tipo (6); ipotesi questa abbastanza generale, ma non del tutto esauriente,
in quanto esistono manifestamente casi in cui una siffatta rappresentazione locale non risulta possibile.

Esaminiamo dapprima l'eventualità più semplice k=1, nella
quale l'ipotesi suddetta è sempre soddisfatta (n.43); già sappiamo che allora il residuo $\omega = \omega(0)$ si può calcolare median-

te la (11). Quest'equazione può venir messa sotto forma un po'
diversa, dopo aver introdotto la funzione analitica (meromorfa
nell'intorno di 0):

$$(23) \qquad \theta(x_1, x_2, \ldots, x_n) = \left[\frac{D_1 + D_2 + \cdots + D_n}{f_1\, f_2 \cdots f_n} \right]$$

ad aver osservato che, in base alle (7),(8), il denominatore
$D(0,\ldots,0;\ 0,\ldots,0)$ della (11) non è che il determinante funzio-
nale delle $f(x_1,\ldots,x_n,\ x_1,\ldots,x_n)$ rispetto alle x calcolato nel
punto O. Tenuto conto di B.SEGRE $[70, n.5]$, riconosciamo quindi
senza difficoltà che $\omega(0)$ <u>uguaglia precisamente il residuo nel
punto O della funzione analitica (23)</u>, ossia si esprime con
l'equazione

$$(24) \qquad \omega(0) = \frac{1}{(2\pi i)^n} \iint \cdots \int_{C_n} \theta(x_1, x_2, \ldots, x_n)\, dx_1\, dx_2 \cdots dx_n$$

nella quale l'integrale n-plo dev'essere esteso ad un n- c i c l o
C_n, situato in un intorno di O su V_n, che, non incontri nessuna
delle ipersuperficie

$$(25) \qquad f_h(x_1, x_2, \ldots, x_n;\ x_1, x_2, \ldots, x_n) = 0 \qquad (h = 1, 2, \ldots n)$$

ed abbia ivi col complesso di queste un o p p o r t u n o a l-
l a c c i a m e n t o.

Esaminiamo ora il caso in cui $k \geq 2$, e si parta dalla definizione di $\omega(0)$ data in principio, ossia mediante la (22). Attual
mente la variazione di T in T' potrà farsi sostituendo alle equazioni (6) di T analoghe equazioni

$$(6') \qquad f'_h(x_1, x_2, \ldots, x_n;\ X_1, X_2, \ldots, X_n) = 0 \qquad (h = 1, 2, \ldots, n),$$

contenenti uno o più parametri (non esplicitamente indicati) e
tendenti alle (6)quando T' tende a T. Definita a partire da

queste equazioni la funzione $\theta'(x_1,x_2,\dots,x_n)$, allo stesso modo come dianzi è stata dedotta la (23) dalle (6) , ne consegue che l'espressione entro parentesi quadre in (22) non è che la somma dei residui di $\theta'(x_1,x_2,\dots,x_n)$ nei punti uniti $O'_1,O'_2,\dots,O'_k$ di T' che tendono ad O, e cioè può venir scritta nella forma

$$(26) \qquad \frac{1}{(2\pi i)^n} \iint \cdots \int_{C'_n} \theta'(x_1,x_2,\dots x_n)\,dx_1\,dx_2\cdots dx_n .$$

Qui l'integrale n-plo va esteso ad un n-ciclo C'_n, somma di k n-cicli rispettivamente appartenenti agli intorni dei punti $O'_1,O'_2,\dots,O'_k$ (e quindi situati altresì nell'intorno di O) su V_n, ed aventi ivi opportuni allacciamenti con le n ipersuperficie

$$(27) \qquad f'_h(x_1,x_2,\dots,x_n \,;\, x_1,x_2,\dots,x_n)= 0 \quad \left(h=1,2,\dots n\right).$$

Poichè in un intorno di O la funzione θ' risulta o l o m o r f a fuori delle ipersuperficie (27), così l'integrale (26) non muta comunque si faccia variare C'_n omotopicamente senza attraversare le (27). Ne discende che - quando T' sia abbastanza prossima a T - si può in (26) sostituire a C'_n una sua conveniente deformata omotopica C_n, che appartenga all'intorno di O e non incontri le (25), la quale rimanga f i s s a al variare di T'; tale n-ciclo C_n sarà così tenuto ad avere con le ipersuperficie (25) un certo opportuno allacciamento, che però non occorre qui precisare.

Se ora passiamo al limite facendo tendere T' a T, l'espressione (26) tende al secondo membro della (24); sicchè la (22) viene ad identificarsi con la (24). Abbiamo così esteso la validità della (24) all'attuale caso più generale. E questa nuova formula (24) oltre a dare risposta alla 3), mostra anche, senz'altro la verità delle 1),2).

Va tuttavia osservato che, per esaurire la richiesta 3),

sarebbe d'uopo di assegnare in modo esplicità quale comportamen
to il ciclo C_n che compare nella (24) deve avere nei riguardi
delle ipersuperficie (25): ciò esigerebbe la discussione dei nu
merosi casi possibili ed una complessa analisi topologica su
cui però qui non ci addentriamo. Aggiungiamo soltanto che un'a-
nalisi consimile potrebbe forse condurre ad una dimostrazione autonoma della (19), dalla quale - a norma del n.46- seguirebbe
una dimostrazione topologico-funzionale del generale principio
di coincidenza (21) (la quale verrebbe a generalizzare le dimostrazioni topologiche del teorema di BEZOUT date recentemente
da CACCIOPPOLI e MARTINELLI).

Rileviamo da ultimo che, in base alla definizione di $\omega(0)$
data sopra per $k > 1$, ha senso di considerare il residuo totale
di una qualunque corrispondenza T algebrica ∞^n di una V_n in sè,
sotto la sola ipotesi che T possegga un numero finito di punti
fissi (di molteplicità arbitrarie). Si vede allora immediatamen
te che tanto il teor.I che il teor. II del n.46 valgono inaltera
ti per ogni corrispondenza a valenza zero del tipo suddetto.

48. ESTENSIONE ALLE CORRISPONDENZE ALGEBRICHE A VALENZA QUAL-
SIASI.

I risultati del n.46 possono anche venire estesi, come ora
mostreremo, a t u t t e le corrispondenze algebriche dotate di
valenza.

La dimostrazione del teor.I (data nel n.46) si trasporta
intanto, con ovvie varianti, al suddetto caso più generale. Ma
si può anche procedere nel modo seguente, ove si voglia soltanto stabilire che, per ogni T dodata di valenza, il residuo totale $\Omega(T)$ o è un intero oppure differisce da un intero per 1/2.
All'uopo basta osservare che, se T è a valenza, la corrisponden
za $T - T^{-1}$ risulta a valenza zero. Perciò - a norma del n.46,

teor.I –

$$\Omega\left(T - T^{-1}\right) = \Omega(T) - \Omega(T^{-1})$$

dev'essere un intero. Basta quindi combinare questo risultato
con la (18), per dedurne l'asserto.

In base alla proprietà così stabilita, si ha che se una
<u>corrispondenza T a valenza</u> varia con continuità, avendo sempre
un n u m e r o f i n i t o d i p u n t i f i s s i (i quali peraltro ove si tenga conto dei risultati del n.47, possono
possedere come tali molteplicità arbitrarie) – <u>il suo residuo totale</u>
<u>Ω(T) si mantiene costante.</u>

Ciò permette di <u>attribuire intrinsecamente un valore ad</u>
<u>Ω(T) per ogni corrispondenza T dotata di valenza;</u> e ciò anche nel
caso in cui T sia v i r t u a l e e abbia un'i n f i n i t à
d i p u n t i f i s s i. Invero, tanto nell'una che nell'altra ipotesi, si può scrivere un'equivalenza del tipo

$$T \equiv T_1 - T_2 \; ,$$

dove T_1 e T_2 siano due corrispondenze a valenza, entrambe effettive e dotate di un numero finito di punti fissi; ed è quindi
lecito assumere per definizione

$$\Omega(T) = \Omega(T_1) - \Omega(T_2)$$

dimostrandosi facilmente che il valore così ottenuto per Ω(T)
dipende soltanto da T, e non dalla scelta delle T_1,T_2.

Riesce allora agevole di <u>estendere la validità della (18)</u>
<u>alle T del tipo suddetto;</u> per queste, l'N che figura n e l secondo membro della (18) va naturalmente assunto uguale al n u m er o v i r t u a l e dei punti fissi di T. Così, ad esempio,
per la <u>corrispondenza identica</u> S di V_n in sè risulta $S^{-1}=S$ ed

inoltre si ha notoriamente

$$N = (-1)^n I_n + n - 1$$

dove I_n denoti, come d'uso l'i n v a r i a n t e di ZEUTHEN-SEGRE di V_n;   pertanto l'applicazione della (18) alla S fornisce:

$$(28) \qquad \Omega(S) = n\left[(-1)^n I_n + n - 1\right]/2$$

E si noti che, in base alla (28), $\underline{\Omega(S)\ \text{risulta sempre un intero}}$, in quanto I_n è notoriamente pari quando n è dispari (cfr. B. SEGRE $[60]$, n. 1).

Il teor. II del n. 46 si può ora estendere alle T dotate di valenza γ arbitraria col sostituire per esse alla (20) l'analoga decomposizione

$$T \equiv S_0 + S_1 + S_2 + \cdots + S_n - \gamma S ,$$

con ovvio significato dei simboli. Procedendo come nel n. 46 ed utilizzando la (28), otteniamo così precisamente che:

$\underline{\text{Il residuo totale di una qualunque corrispondenza T a va-}}$ $\underline{\text{lenza di una } V_n \text{ algebrica in sè è dato da}}$

$$(29) \qquad \Omega(T) = n\beta + \delta_1 + 2\delta_2 + \cdots + (n-1)\delta_{n-1} - n\gamma\left[(-1)^n I_n + n - 1\right]/2 ,$$

$\underline{\text{dove } \beta ,\ \gamma \ \text{e}\ \delta_1,\ \delta_2,\dots,\delta_{n-1} \text{ denotino ordinatamente il 2° indi-}}$ $\underline{\text{ce, la valenza ed i ranghi di T,}}$ $\underline{\text{ed } I_n \text{ sia l'invariante di}}$ $\underline{\text{ZEUTHEN-SEGRE di } V_n.}$

La (29) mostra, tenuto conto di quanto dianzi osservato circa la (28), che $\underline{\ \Omega(T) \text{ risulta sempre un intero}}$; ciò che estende la validità del teor. I del n. 46 nelle attuali ipotesi più generali. Dalle (29), (18) si trae inoltre subito la seguente estensione (pure dovuta a SEVERI $[87,88]$)della (21):

$$(30) \qquad N = \alpha + \beta + \delta_1 + \delta_2 + \cdots + \delta_{n-1} - \gamma\left[(-1)^n I_n + n - 1\right] ,$$

della quale si potrebbe forse dare una dimostrazione topologica
autonoma – di tutt'altro tipo – lungo la linea accennata nel
penultimo capoverso del n. 47.

Rileviamo infine che in base a ciò che precede, la (29)
ha senso e sussiste anche nel caso in cui T sia virtuale o possegga un'infinità di punti fissi. Se T è una corrispondenza effettiva di quest'ultimo tipo, ogni componente M irriducibile della varietà algebrica luogo dei punti fissi di T dà un certo
c o n t r i b u t o $\omega(M)$ al numero $\Omega(T)$; tale contributo è un
numero complesso, che si determina con procedimento analogo a
quello indicato nel n. 47 per stabilire la formula (22). Un'espressione esplicita per $\omega(M)$ del tipo della (24) avrebbe grande
importanza, anche perchè – a norma della (18) – la somma di $\omega(M)$
con l'analogo contributo $\omega'(M)$ relativo alla T^{-1} fornirebbe
il multiplo secondo μ dell'e q u i v a l e n z a n u m e r a-
t i v a di M nel numero (30) dei punti fissi di T.

49. <u>APPLICAZIONI ALLE CORRISPONDENZE ALGEBRICHE DI UNO SPAZIO
       PROIETTIVO IN SE'.</u>

I risultati dei nn. 46-48 possono trovare applicazioni
molteplici, quando si specializzino convenientemente le varietà
o le corrispondenze algebrichea cui essi si riferiscono. Qui ci
limiteremo al caso particolare degli <u>spazi proiettivi</u>, notevole
poichè in questi <u>ogni corrispondenza algebrica risulta a valenza
zero</u> (cfr. SEVERI $\left[85\ ,n.16\right]$).

Sia dunque T una qualunque corrispondenza algebrica di un
S_n in sè; essa potrà venir rappresentata analiticamente con un
sistema di equazioni a l g e b r i c h e del tipo (6): e denotiamo con a_h, b_h i gradi di f_h nelle x,X (h=1,2,...,n). Per semplicità, ci limiteremo al caso in cui il sistema (6) sia g e -
n e r i c o, nel senso che per T vengano a sussistere le proprietà specificate nel seguente capoverso.

Il sistema (6), quando si scelgano genericamente le variabili x o le X, ammetta un numero f i n i t o di soluzioni nelle
rimanenti variabili, e nessuna di queste soluzioni rimanga fissa
al variare di quelle variabili. Ciò val quanto dire che gli
i n d i c i (α,β) di T vengono ad essere espressi dalle

$$(31) \qquad \alpha = a_1 a_2 \cdots a_m, \qquad \beta = b_1 b_2 \cdots b_m .$$

I punti fissi di T sono dati allora dalle equazioni

$$(32) \qquad f_h(x_1, x_2, \ldots, x_n; x_1, x_2, \ldots, x_n) = 0 \qquad (h = 1, 2, \ldots m);$$

queste abbiano i gradi $a_h + b_h$ ed ammettano un numero finito di soluzioni comuni, distinte e tutte al finito: i p u n t i f i s-
s i O_k di T daranno così tutti semplici ed al finito, in numero
di

$$(33) \qquad N = (a_1 + b_1)(a_2 + b_2) \cdots (a_m + b_m) .$$

Nel caso attuale, il r a n g o δ_ℓ di specie ℓ di T ($\ell = 1, 2,$
...,n-1) non è che l'o r d i n e della V_ℓ trasformata mediante
T di un generico S_ℓ di S_n (ved. SEVERI $[6, n.5]$). Esso è quindi
dato da

$$(34) \qquad \delta_\ell = \sum_{(i,j)} a_{i_1} a_{i_2} \cdots a_{i_{n-\ell}} b_{j_1} b_{j_2} \cdots b_{j_\ell} \qquad (\ell = 1, 2, \ldots, n-1),$$

dove $(i_1, i_2 \ldots i_{n-\ell})$ ed $(j_1 j_2 \ldots j_\ell)$ denotino due combinazioni com-
plementari della classe n-ℓ e della classe ℓ degli indici
1,2,...,n, e la somma sia estesa a tutte le coppie siffatte
(cfr. VAHLEN $[99]$). Come controllo, si verifica immediatamente la validità della (21) tenendo conto delle (21),(33),(34).

Definite a partire dalle (6) le curve algebriche $V_1^{(h)}$ e
le corrispondenze algebriche T_h nel modo indicato nel n. 45 (per
h=1,2,...,n), si vede subito che - presentemente - T_h è una corrispondenza algebrica di $V_1^{(h)}$ in sè avente gli indici (a_h N/(a_h+
+ b_h), b_h N/(a_h+b_h)) e valenza zero. I punti fissi di T_h sono
tutti semplici e coïndidono cogli N punti O_k; in virtù del n. 35,
il residuo totale di T_h vale quindi

$$(35) \quad \Omega(T_h) = \sum_{k=1}^{N} \omega_h(O_k) = b_h \, N/(a_n + b_n) \qquad \left(h = 1, 2, \ldots, n \right).$$

In forza della (19_o) si ha pertanto

$$(36) \quad \Omega(T) = \sum_{h=1}^{n} b_h \, N/(a_h + b_h)$$

onde si verifica subito la validità della (19), tenendo conto
ancora delle (31),(33),(34).

Le (35) $\left[$e quindi poi anche la (36)$\right]$ assumono la forma di
notevoli _identità algebriche_ (del tipo di quella di JACOBI, ottenuta nel n. 41), ove vi si esprimano le $\omega_h(O_k)$ nel modo indicato
nel n. 44, f). Giungiamo così facilmente alle identità:

$$(37) \quad \sum_{k=1}^{N} \left[\frac{\sum_{i=1}^{n} f_{hi}'' D_{hi}}{D} \right]_{O_K} = b_h \, N/(a_h + b_h) \qquad \left(h = 1, 2, \ldots, n \right),$$

dove l'indice O_k sta per indicare che nell'espressione entro parentesi quadre occorre sostituire sia alle x che alle X le coordinate di O_k.

Facciamo in particolare l'ipotesi che si abbia

$$(38) \quad a_1 = a_2 = \cdots = a_n = a, \qquad b_1 = b_2 = \cdots = b_n = b.$$

In tal caso, se h ed i denotano due distinti comunque fissati dei
numeri 1,2,...,n, consideriamo la corrispondenza T_λ definita dal
sistema, (6_λ) che si deduce da (6) sostituendo in esso l'equazione f_h=0 con la $f_h + \lambda f_i$=0. E' chiaro che T_λ , in virtù delle (38),

risulta ancora del medesimo tipo della T (alla quale viene precisamente ad identificarsi per $\lambda =0$), e possiede gli stessi punti fissi O_k di questa; inoltre il determinante D relativo a (6_λ) non dipende da λ, riducendosi di fatto a D. Se ora scriviamo per T_λ l'equazione (37_λ) analoga alla (37), vediamo che il suo secondo membro non dipende da λ, mentre il primo membro contiene λ l i n e a r m e n t e. Il coefficiente di λ nel primo membro della (37_λ) deve quindi valere zero, sicchè perveniamo all'identità

$$(39) \qquad \sum_{K=1}^{N} \left[-\frac{\sum_{j=1}^{m} f''_{ij} D_{hj}}{D} \right]_{O_K} = 0 \qquad \left(i \neq h; \; i,h = 1,2,\cdots m \right).$$

Avuto anche riguardo alle (33),(38),le (37),(39) possono presentarsi sotto la forma compatta data dal seguente enunciato.

Siano f_h ($x_1, x_2, \ldots, x_n; X_1, X_2, \ldots, X_n$) (h=1,2,...,n) n funzioni razionali intere aventi rispettivamente i gradi a,b nelle due serie di n variabili x,X; e supponiamo che le n equazioni algebriche (32) risultino tutte di grado a+b nelle x, ed abbiano in comune $(a+b)^n$ soluzioni semplici proprie,

$$x_1 = c_{1k}, \quad x_2 = c_{2k}, \quad \cdots, \quad x_n = c_{nk} \qquad \left(k = 1,2, \ldots (a+b)^n \right).$$

Sussiste allora l'identità fra matrici

$$\sum_{K=1}^{(a+b)^n} J''_k \left(J'_k + J''_k \right)^{-1} = b(a+b)^{n-1} \, I,$$

nella quale I denota la matrice quadrata unitaria d'ordine n, J' ed J" sono le matrici jacobiane delle f rispetto alle x ed alle X, e l'indice k sta a significare che in esse deve porsi

$$x_1 = X_1 = c_{1k}, \quad x_2 = X_2 = c_{2k}, \quad \cdots, \quad x_n = X_n = c_{nk}.$$

NOTIZIE STORICHE E BIBLIOGRAFICHE.

Per un'esposizione comparata delle varie dimostrazioni del teorema di JACOBI e della g e n e r a l i z z a z i o n e di questo fornita dal primo teorema del n.41, cfr.NETTO [54, §§ 461-465]. La semplice dimostrazione di tale generalizzazione da noi esposta nel n.41 è tratta da B.SEGRE [75], ove trovasi pure l'ulteriore e s t e n s i o n e - qui anche ottenuta - relativa al caso di r ipersuperficie di S_r aventi a comune una V_d. La particolarizzazione dell'ultimo risultato nell'ipotesi r=3, d=1 era già stata acquisita per altra via, e con qualche restrizione superflua, da END [27].

Le f o r m u l e (3) e (4) del n.42 trovansi in B.SEGRE [75], la (5) in BOMPIANI [12]. Storicamente le prime estensioni del teorema di REISS allo spazio sono quelle di BOMPIANI [12] e specialmente [13]. In quest'ultimo lavoro v'è già il teorema finale del n.42, ma ci si limita ad approfondire - con metodo algebrico - il caso di calotte del 2° ordine coi centri su di una retta, ad esse non tangente, lo spazio ambiente essendo a t r e dimensioni. Il metodo da noi seguito - che è ancora quello di B.SEGRE [75] - si presterebbe alle ulteriori estensioni di cui all'ultimo capoverso del n.42, le quali però rimangono tuttora da svolgere.

I risultati dei nn.43-49 appaiono qui per la prima volta <u>in extenso</u>; tuttavia alcuni di essi furono già riassunti nella Nota preventiva di B.SEGRE [71]. Si tratta di un campo in cui v'è ancora molto da fare, come si può inferire dalle pagine precedenti.

———

B. Segre

B I B L I O G R A F I A

1. C. AGOSTINELLI — Sul prodotto di due determinanti con elementi complessi-coniugati, Per. di Mat., (4) 13 (1933), 252-254.

2. E. BERTINI — Introduzione alla geometria proietti-va degli iperspazi, 2^a ed. (Messina, Principato, 1923).

3. W. BLASCHKE — Vorlesungen über Integralgeometrie, 2. Aufl. (Leipzig u. Berlin, Teubner, 1936).

4. S. BOCHNER — Compact groups of differentiable transformations, Ann. of Math., 46 (1945), 372-381.

5. E. BOMPIANI — Determinazioni proiettivo-differen-ziali relative ad una superficie dello spazio ordinario, Atti Acc. Sc. Torino, 59 (1924), 203-223.

6. E. BOMPIANI — Sul contatto di due superficie, Rend. Acc. Lincei, (6) 15 $(1932)_1$, 116-121.

7. E. BOMPIANI — Invarianti proiettivi di una particolare coppia di elementi superficiali del secondo ordine, Boll. Un. Mat. Ital., (1) 14 (1935), 237-243.

8. E. BOMPIANI — Un systéme de courbes invariant par projectivités, Comptes Rendus Ac. Sc. 201 (1935), 1006-1008.

9. E. BOMPIANI — Sulla normalizzazione delle equazioni differenziali lineari, Rend. Acc. Lincei, (6) 23 $(1936)_1$, 807-812.

10. E. BOMPIANI — Forme normali delle equazioni diffe-renziali lineari e loro significato geometrico, Ann. Sc. Univ. de Jassy, 23 (1937), 75-105.

11. E. BOMPIANI — Determinazione delle curve algebriche sghembe appartenenti a quadriche, Rend. Acc. Lincei, (6) 29 $(1939)_1$, 229-234.

12. E. BOMPIANI — Über zwei Kalotten einer Hyperquadrik, Jahresber. Deutsch. Math.-Ver., 49 (1939), 143-145.

B. Segre

13. E. BOMPIANI   *Calotte a centri allineati di super-ficie algebriche*, Rend. Acc. d'Italia (7) 1 (1939), 93-101.

14. E. BOMPIANI   *Invarianti proiettivi e topologici di calotte di superficie e d'ipersu-perficie tangenti in un punto*, Rend. di Mat., (5) 2 (1941), 261-291.

15. E. BOMPIANI   *Invarianti proiettivi di calotte*, Rend. Acc. d'Italia, (7) 2 (1941), 888-895.

16. E. BOMPIANI   *Sul birapporto di quattro punti di una curva*, Boll. Un. Mat. Ital.,(2) 4 (1942), 84-86.

17. E. BOMPIANI   *Geometria proiettiva di elementi dif-ferenziali*, Ann. di Mat., (4) 22 (1943), 1-32.

18. E. BOMPIANI   *Sugli invarianti proiettivi di due calotte superficiali*, Atti Acc. Sc. Torino, 80 (1944-45), 184-190.

19. E. BOMPIANI   *Elementi differenziali regolari e non regolari nel piano e loro applicazio-ni alle curve algebriche piane*, Rend. di Mat. (5) 5 (1946), 1-46.

20. P. BUZANO   *Invariante proiettivo di una partico-lare coppia di elementi di superficie*, Boll. Un. Mat. Ital. (1) 14 (1935), 93-98.

21. P. BUZANO   *Invarianti proiettivi di una coppia di elementi superficiali del 2° ordi-ne*, Rend. di Mat., (5) 1 (1940), 139-162.

22. E. CARTAN   *Sur les développantes d'une surface réglée*, Bull. Ac. Roumaine, 14 (1931) 167-174.

23. H. CARTAN   *Les fonctions de deux variables com-plexes et le problème de la représen-tation analytique*, Journ. de Math., (9) 10 (1931), 1-114.

24. A.R. CIGALA'   *Sopra un criterio di instabilità*, Ann. di Mat., (3) 11 (1905), 67-78.

B. Segre

25. G. DARBOUX — Leçons sur la théorie générale des surfaces, t. I, 2ª ed. (Paris Gauthièr Villars, 1914).

26. P. DRUDE — Ein Satz aus der Determinantentheorie, Göttinger Nachrichten, (1887) 118-122.

27. W. END — Algebraische Untersuchungen über Flächen mit gemeinschaftlicher Curve, Math. Ann., 35 (1889), 82-90.

28. F. EURIQUES-O. CHISINI — Lezioni sulla teoria geometrica delle equazioni e delle funzioni algebriche, vol. III (Bologna, Zanichelli, 1924).

29. P. FATOU — Substitutions analytiques et équations fonctionnelles à deux variables, Ann. Ec. Norm. Sup., (3) 41 (1924), 67-142.

30. G. FUBINI - E. CECH — Geometria proiettiva differenziale, I e II (Bologna, Zanichelli, 1926-27).

31. L. GODEAUX — Mémoire sur les surfaces multiples, Mém. Ac. roy. Belg., (1952), 1-80.

32. L. GODEAUX — Les singularités des points de diramation isolés des surfaces multiples, 2ᵈ Coll. Géom. Alg. (CBRM), Liège 1952, 225-241.

33. L. GODEAUX — Recherches sur les points de diramation de troisième catégorie d'une surface multiple, Bull. Ac. roy. Belg., (1953), 1013-1023, 1087-1093 et (1954), 81-86, 200-208, 355-370.

34. L. GODEAUX — Sur l'existence de surfaces multiples possédant des points de diramation de structure donnée, Rend. di Mat., (5) 14 (1954), 42-47.

35. A. GRÉVY — Étude sur les équations fonctionnelles, Ann. de l'Éc. Norm. Sup., (3) 11 (1894), 249-323.

36. G. KOENIGS — Recherches sur les substitutions uniformes, Bull. des Sc. Math., (2) 7 (1883), 340-357.

37. G. KOENIGS — Recherches sur les intégrales de certaines équations fonctionnelles, Ann. Ec. Norm. Sup. (3) 1 (1884), Supplément 3-41.

B. Segre

38. C.C. HSIUNG — Projective invariants of contact of two curves in space of n dimensions, Quart. Journ. of Math. (2) 17 (1946), 39-45.

39. G. HUMBERT — Application géométrique d'un théorème de Jacobi, Journ. de Math., (4) 1 (1885), 347-356.

40. S. LATTES — Sur les équations fonctionnelles qui définissent une course on une surface invariante par une transformation, Ann. di Mat., (3) 13 (1907), 1-138.

41. S. LATTES — Sur les transformations de contact, Comptes Rendus Ac. Sc., 148 (1909), 902-910.

42. S. LATTES — Sur les formes réduites des transformations ponctuelles à deux variables, Comptes Rendus Ac. Sc., 152 (1911), 1566-1569.

43. S. LATTES — Sur les formes réduites des transformations pontuelles dans le domaine d'un point double, Bull. Soc. Math. France, 39 (1911), 309-345.

44. L. LEAN — Etude sur les équations fonctionnelles à une on à plusieurs variables, Ann. de Toulouse, 11 (1897), E1-E100.

45. M. LÉMERAY — Sur les équations fonctionnelles qui caractérisent les opérations associatives et les opérations distributives, Bull. Soc. Math. France, 27 (1899), 130-137.

46. M. LEMERAY — Applications des fonctions doublement périodiques à la solution d'un problème d'itération, Bull. Soc. Math. France, 27 (1899), 282-285.

47. T. LEVI - CIVITA — Sopra alcuni criteri di instabilità, Ann. di Mat., (3) 5 (1901), 221-307.

48. C.F. MANARA — Approssimazione delle trasformazioni puntuali regolari mediante trasformazioni cremoniane, Rend. Acc. Lincei, (8) 8 (1950)$_1$, 103-108.

B. Segre

49. E. MARCHIONNE — Sopra una proprietà caratteristica delle curve algebriche appartenenti ad una quadrica, Rend. Acc. Lincei, (8) 16 (1954)$_1$, 205-209.

50. G. MARLETTA — Rapporto anarmonico di quattro punti considerati su una data curva, Boll. Acc. Gioema di Catania, (3) 17 (1941), 1-3.

51. M. MASCALCHI — Un nuovo invariante proiettivo di contatto di due superficie, Boll. Un. Mat. Ital., 13 (1934), 15-19.

52. R. MEHMKE — Einige Sätze über die räumliche Collineation und Affinität, welche sich auf die Krümmung von Curven und Flächen beziehen, Schlömilchs Zeitschr., 36 (1891), 56-60.

53. R. MEHMKE — Ueber zwei die Krümmung von Curven und das Gauss'sche Krümmungsmass von Flächen betreffende charakteristische Eigenshaften der linearen Punkttransformationen, Schlömilschs Zeitschr., 36 (1891), 206-213.

54. E. NETTO — Vorlesungen über Algebra, vol. II (Leipzig, Teubner, 1900)

55. H. POINCARE' — Sur les courbes définies par les équations différentielles, (Quatrième partie), Journ. de Math. pures appl., (4) 2 (1886), 151-217.

56. G. SCORZA DRAGONI — Sulle funzioni olomorfe di una variabile bicomplessa, Mem. Acc. Italia, 5 (1934), 597-665.

57. B. SEGRE — I sistemi semplicemente infiniti di superficie (in particolare piani e sfere) e le loro traiettorie ortogonali, Atti Acc. Sc. Torino, 61 (1926), 286-293.

58. B. SEGRE — Sui sistemi continui di curve piane con tacnodo, Rend. Acc. Lincei, (6) 9 (1929)$_1$, 970-974.

59. B. SEGRE — Intorno alla teoria delle superficie proiettivamente deformabili e alle equazioni differenziali ad esse collegate, Mem. Acc. d'Italia, (1) 2 (1931), 49-189.

B. Segre

60. B. **SEGRE**   Intorno alla parità di alcuni carat-
teri di una varietà algebrica di di-
mensione dispari, Boll. Un. Mat. ...
Ital., (1) 13 (1934), 93-95.

61. B. SEGRE   Sugli elementi curvilinei che hanno
comuni le origini ed i relativi spazi
osculatori, Rend. Acc. Lincei, (6)
$22 \ (1935)_2$, 392-399.

62. B. SEGRE   I birapporti sulle superficie non
sviluppabili dello spazio, e le condizioni geometriche per l'equivalenza proiettiva fra queste, (due note),
Rend. Acc. Lincei, (6) $21 \ (1935)_1$,
656-660, 692-697.

63. B. SEGRE   Le linee proiettive ed un invariante d'immersione di una curva su di
una superficie, Rend. Acc. Lincei,
(6) $22 \ (1935)_2$, 400-405.

64. B. SEGRE   Invarianti differenziali relativi
alle trasformazioni puntuali e dualistiche fra due spazi euclidei,
Rend. Circ. Mat. Palermo, 60 (1936),
224-232.

65. B. SEGRE   Un teorema sopra le superficie algebriche con due fasci unisecantisi,
ed una relazione fra gli angoli sotto cui si incontrano due curve algebriche tracciate su di una sfera,
Boll. Un. Mat. Ital., (1) 15 (1936),
169-172.

66. B. SEGRE   Invarianti topologici relativi ai
punti uniti delle trasformazioni regolari fra varietà sovrapposte,
Rend. Acc. Lincei, (6) 24 (1936),
195-200.

67. B. SEGRE   Una proprietà di certi spazi di
Veblen ed alcune estensioni al cam-
po differenziale della nozione di
birapporto, Scritti Mat. offerti
a Luigi Berzolari (Pavia, Rossetti,
1936), 5-26.

68. B. SEGRE   Un complemento al principio di corrispondenza per le corrispondenze
a valenza zero sulle curve algebriche, Rend. Acc. Lincei, (6) 29
$(1936)_2$, 201-205.

B. Segre

69. B. SEGRE — Complemento al principio di corrispondenza, per le corrispondenze a
valenza con punti uniti di moltoci-
plità qualsiasi, Rend. Acc. Lincei,
(6) 29 (1936)$_2$, 250-257.

70. B. SEGRE — Sull'estensione della formula integrale di Cauchy e sui residui degli
integrali n-pli, nella teoria delle
funzioni di n variabili complesse,
Atti del 1° Congr. dell'U.M.I. (Bologna, Zanichelli, 1938), 174-180.

71. B. SEGRE — Sui residui relativi ai punti uniti
delle corrispondenze fra varietà sovrapposte, Atti del 1° Congr. del-
l'U.M.I. (Bologna, Zanichelli, 1938),
259-263.

72. B. SEGRE — On tac-invariants of two curves in
a projective space, Quart. Journ.
of Math., (2) 17 (1946), 35-38.

73. B. SEGRE — Sul contatto di due varietà, Boll.
Un. Mat. Ital., (3) 1 (1947), 12-16.

74. B. SEGRE — Caratterizzazione geometrica degli
integrali abeliani e dei loro resi-
dui (due note), Rend. Acc. Lincei,
(8) 3 (1947)$_2$, 167-172, 172-179.

75. B. SEGRE — Sui teoremi di Bézout, Jacobi e Reiss,
Ann. di Mat., (4) 26 (1947), 1-26

76. B. SEGRE — Corrispondenze analitiche e trasformazioni cremoniane, Ann. di Mat.,
(4) 28 (1949), 107-139.

77. B. SEGRE — Sulla perfezione delle coincidenze
isolate, Rend. Acc. Lincei, (8) 10
(1951)$_1$, 335-336.

78. B. SEGRE — Una proprietà caratteristica in grande delle curve giacenti su di una
quadrica, Rend. Acc. Lincei, (8) 12
(1952)$_1$, 374-378.

79. B. SEGRE — Sur l'algébricité des courbes ayant
un ordre relatif réel convenable,
Journal Math. I, 35 (1956), 43-54.

80. C. SEGRE — Su alcuni punti singolari delle curve algebriche, e sulla linea parabo-
lica di una superficie, Rend. Acc.
Lincei, (5) 6 (1897)$_2$, 168-175.

B. Segre

81. C. SEGRE   *Sugli elementi curvilinei, che hanno comune la tangente e il piano osculatore*, Rend. Acc. Lincei, (5) 33 (1924)$_1$, 325-329.

82. F. SEVERI   *Sulle corrispondenze fra i punti di una curva algebrica e sopra certe classi di superficie*, Mem. Acc. Sc. Torino, (2) 54 (1903), 1-49.

83. F. SEVERI   *Vorlesungen über algebraische Geometrie*, (Leipzig, Teubner, 1921).

84. F. SEVERI   *Trattato di geometria algebrica*, Vol. I, parte 1ª (Bologna, Zanichelli, 1926).

85. F. SEVERI   *Nuovi contributi alla teoria delle serie di equivalenza sulle superdicie e dei sistemi di equivalenza sulle varietà algebriche*, Mem. Acc. d'Italia, (1) 4 (1933), 71-129.

86. F. SEVERI   *Il rango di una corrispondenza a valenza sopra una superficie*, Boll. Un. Mat. Ital., (1) 15 (1936), 161-169.

87. F. SEVERI   *La teoria generale delle corrispondenze tra varietà algebriche (2 note)*, Rend. Acc. Lincei, (6) 23 (1936)$_1$, 818-823, e 921-925.

88. F. SEVERI   *La teoria generale delle corrispondenze fra due varietà algebriche e i sistemi d'equivalenza*, Abh. Math. Semin. d. Hausischen Univ., 13 (1939), 101-112.

89. F. SEVERI   *Serie, sistemi d'equivalenza e corrispondenze algebriche sulle varietà algebriche* (a cura di F. Conforto ed E. Martinelli), Vol. I (Roma, Perella, 1942).

90. E. STUDY   *Betrachtungen über Doppelverhältnisse*, Leipziger Berichte, (1896), 200-220.

91. B. SU   *Note on a theorem of B. Segre*, Sc. Rec. Ac. Sinica, 1 (1942), 16-19.

92. B. SU   *Su alcuni invarianti di contatto di due varietà in uno spazio proiettivo*, Boll. Un. Math. Ital. (3) 1 (1947), 9-12.

B. Segre

93. A. TERRACINI — Sulle linee proiettive di una superficie, Rend. Acc. Lincei, (6) 22 $(1935)_2$, 125-129.

94. A. TERRACINI — Densità di una corrispondenza di tipo dualistico, ed estensione dell'invariante di Mehmke - Segre, Atti Acc. Sc. Torino, 71 (1935 - 36), 310-328.

95. A. TERRACINI — Invariante di Mehmke-Segre generalizzato e applicazione alle congruenze di rette, Boll. Un. Mat. Ital., (1) 15 (1936), 109-113.

96. A. TERRACINI — El invariante de Mehmke-Segre y los sistemas lineales, Anales Soc. Cient. Argentina, 129, (1940), 97-111.

97. F. TRICOMI — Sulla distribuzione dei baricentri delle sezioni piane di un corpo, Rend. Acc. Lincei, (6) 13 $(1931)_1$, 407-411, 478-484.

98. F. TRICOMI — "Densità" di un continuo di punti o di rette e "densità" di una corrispondenza, Rend. Acc. Lincei, (6) 23 $(1936)_1$, 313-316.

99. K. TH. VAHLEN — Über den Grad der Eliminationsresultante eines Gleichungssystems, Journ. r.a. Math., 113 (1894), 348-352.

100. E. VESENTINI — Sulle omografie definite da certe coppie di elementi differenziali tangenti, La Ricerca, 3 (1952), 26-28.

101. E. WAELSCH — Zur Infinitesimalgeometrie der Strahlenkongruenzen und Flächen, Sitz. Wiener Ak. d. Wiss., 100 (1891), 158 .

102. E. WAELSCH — Sur le premier invariant différentiel projectif des congruences rectilignes, Comptes Rendus Ac. Sc., 118 (1894), 736-738.

103. E. A. WEISS — Einführung in die Liniengeometrie und Kinematik (Leipzig, Teubner, 1935).

104. E. J. WILCZYNSKI — Projective differential geometry of curves and ruled surfaces (Leipzig, Teubner, 1906).

B. Segre

INDICE DEGLI AUTORI

(I numeri denotano le pagine)

B. Segre

B. Segre

INDICE ANALITICO

(I numeri denotano le pagine)

B. Segre

B. Segre

B. Segre

T

Tangenti asintotiche; 79

Teorema di BEZOUT (dimostrazione topologica); 167

Teoria dei residui delle
funzioni analitiche; 113

Trasformata di LAPLACE; 77

Trasformazioni analitiche;24

Trasformazioni aritmeticamente particolari e generali; 30

Trasformazioni cicliche;48

Trasformazioni differenziabili; 24

Trasformazioni puntuali; 2

V

Valenza di una corrispon-
denza tra curve algebriche;
120

Varietà complessa; 24

Varietà differenziabile; 24

Varietà di SEGRE; 9

Varietà sviluppabile; 75

Z

ZEUTHEN (corrispondenza di);
160, 161

ZEUTHEN-SEGRE (invariante
di); 169

B. Segre

INDICE GENERALE

B. Segre

Lezione terza

INVARIANTI DI CONTATTO E DI OSCULAZIONE.
LA NOZIONE DI BIRAPPORTO IN GEOMETRIA DIFFERENZIALE.

Lezione quarta

LINEE PRINCIPALI E LINEE PROIETTIVE DI UNA
SUPERFICIE, ED ALCUNE APPLICAZIONI

B. Segre

Lezione quinta

ALCUNE PROPRIETA' DIFFERENZIALI IN GRANDE
RELATIVE ALLE CURVE ALGEBRICHE ED ALLE LORO INTERSEZIONI
E CORRISPONDENZE

B. Segre

Lezione sesta

ESTENSIONI ALLE VARIETA' ALGEBRICHE

E D U A R D   C E C H

DEFORMAZIONI PROIETTIVE DI CONGRUENZE E QUESTIONI CONNESSE

Roma-Istituto Matematico dell'Università, 1956

DEFORMAZIONI PROIETTIVE DI CONGRUENZE E QUESTIONI
CONNESSE

Nello spazio S_3 consideriamo una retta

$$(1) \qquad g = \left[A_1, A_2 \right]$$

dipendente da due parametri u , v, sicchè g genera una congruenza $\mathcal{L}$ che supponiamo non parabolica. Facciamo uso sistematico di un riferimento mobile

$$(2) \qquad A_1, A_2, A_3, A_4$$

tale che valga la (1) e che le trasformate di Laplace della $\mathcal{L}$ di partenza (che possono esser degeneri) siano generate dalle rette

$$(3) \qquad g_1 = \left[A_1 \ A_3 \right] , \quad g_2 = \left[A_2 \ A_4 \right] .$$

Conviene inoltre supporre

$$(4) \qquad \left[A_1 A_2 A_3 A_4 \right] = 1 ,$$

sicchè il riferimento (2) dipende, oltre dai parametri principali u,v da altri 5 parametri secondari che saranno specializzati solo occasionalmente quando occorre. Posto come al solito

$$(5) \qquad d A_i = \omega_{i1} A_1 + \omega_{i2} A_2 + \omega_{i3} A_3 + \omega_{i4} A_4 \ (i=1,2,3,4)$$

ed inoltre, per convenienza,

$$(6) \qquad \omega_{13} = \omega_1, \quad \omega_{24} = \omega_2,$$

la (4) implica

$$(7) \qquad \omega_{11} + \omega_{22} + \omega_{33} + \omega_{44} = 0$$

e le condizioni (3) sono espresse analiticamente dalle

                                        E.Cech

(8)
$$\omega_{14} = 0, \quad \omega_{23} = 0$$

(9)
$$\left[\omega_{12}\, \omega_2\right] = 0, \quad \left[\omega_{21}\, \omega_1\right] = 0.$$

Si ha inoltre

(10)
$$\left[\omega_1\, \omega_2\right] \neq 0$$

giacchè la retta (1) dipende in modo essehziale da due parametri. Differenziando esteriormente le (8) si arriva alle equazioni

$$\left[\omega_{34}\, \omega_1\right] = 0, \qquad \left[\omega_{43}\, \omega_2\right] = 0$$

le quali insieme colle (9) si permettono di porre

(11)
$$\omega_{12} = \alpha_1\, \omega_2, \qquad \omega_{21} = \alpha_2\, \omega_1, \qquad \omega_{34} = \beta_2\, \omega_1,$$

$$\omega_{43} = \beta_1\, \omega_2.$$

Le (5) diventano quindi

$$d A_1 = \omega_{11}A_1 + \alpha_1\, \omega_2 A_2 + \omega_1 A_3,$$

$$dA_2 = \alpha_2\, \omega_1 A_1 + \omega_{22}A_2 + \omega_2 A_4,$$

(12)
$$d A_3 = \omega_{31}A_1 + \omega_{32}A_2 + \omega_{33}A_3 + \beta_2\, \omega_1 A_4,$$

$$dA_4 = \omega_{41}A_1 + \omega_{42}A_2 + \beta_1\, \omega_2 A_3 + \omega_{44}A_4.$$

Insieme col riferimento puntuale (2) conviene considerare anche
il riferimento duale con piani base

(13)
$$E_1,\ E_2,\ E_3,\ E_4,$$

dove

(14)
$$E_1 = \left[A_2 A_3 A_4\right], \quad E_2 = -\left[A_1 A_3 A_4\right], \quad E_3 = \left[A_1 A_2 A_4\right], \quad E_4 = -\left[A_1 A_2 A_3\right].$$

Alle (12) corrispondono le equazioni duali

(15)
$$dE_1 + \omega_{11}E_1 + \alpha_2\, \omega_1 E_2 + \omega_{31}E_3 + \omega_{41}E_4 = 0$$

$$dE_2 + \alpha_1\, \omega_2 E_1 + \omega_{22}E_2 + \omega_{32}E_3 + \omega_{42}E_4 = 0$$

$$dE_3 + \omega_1 E_1 + \omega_{33} E_3 + \beta_1 \omega_2 E_4 = 0$$
$$dE_4 + \omega_2 E_2 + \beta_2 \omega_1 E_3 + \omega_{44} E_4 = 0$$

occorre anche notare le equazioni relative al riferimento riga-
to associato allo (2), che si ricavano facilmente dalle (12) e
sono

$$d[A_1 A_2] = (\omega_{11} + \omega_{22})[A_1 A_2] + \omega_2[A_1 A_4] - \omega_1[A_2 A_3],$$
$$d[A_1 A_3] = \omega_{32}[A_1 A_2] + (\omega_{11} + \omega_{33})[A_1 A_3] + \beta_2 \omega_1[A_1 A_4] + \alpha_1 \omega_2[A_2 A_3],$$
$$d[A_1 A_4] = \omega_{42}[A_1 A_2] + \beta_1 \omega_2[A_1 A_3] + (\omega_{11} + \omega_{44})[A_1 A_4] + [A_2 A_4] + \omega_1 \cdot$$
$$\alpha_1 \omega_3 \qquad [A_3 A_4] \cdot$$
$$d[A_2 A_3] = -\omega_{31}[A_1 A_2] + \alpha_2 \omega_1[A_1 A_3] + (\omega_{22} + \omega_{33})[A_2 A_3] + \beta_2 \omega_1 \cdot$$
$$\text{(16)} \qquad\qquad\qquad\qquad \cdot[A_2 A_4] - \omega_2[A_3 A_4],$$
$$d[A_2 A_4] = -\omega_{41}[A_1 A_2] + \alpha_2 \omega_1[A_1 A_4] + \beta_1 \omega_2[A_2 A_3] + (\omega_{22} + \omega_{44})[A_2 A_4]$$
$$d[A_3 A_4] = -\omega_{41}[A_1 A_3] + \omega_{31}[A_1 A_4] - \omega_{42}[A_2 A_3] + \omega_{32}[A_2 A_4] + (\omega_{33} + \omega_{44}) \cdot$$
$$\cdot[A_3 A_4] \cdot$$

Importanza fondamentale per il seguito hanno anche le equazioni
che si ottengono differenziando esteriormente le (11)

$$[\omega_{32} \omega_1] + [d\alpha_1 + \alpha_1(2\omega_{22} - \omega_{11} - \omega_{44}) \omega_2] = 0,$$
$$[d\alpha_2 + \alpha_2(2\omega_{11} - \omega_{22} - \omega_{33}) \omega_1] + [\omega_{41} \omega_2] = 0,$$
$$\text{(17)} \quad -[\omega_{41} \omega_1] + [d\beta_1 + \beta_1(\omega_{22} + \omega_{33} - 2\omega_{44}) \omega_2] = 0,$$
$$[d\beta_2 + \beta_2(\omega_{11} - 2\omega_{33} + \omega_{44}) \omega_1] - [\omega_{32} \omega_2] = 0.$$

Di spesso uso sono anche le

$$\text{(18)} \qquad [d\omega_1] = [\omega_{11} - \omega_{33} \omega_1], \qquad\qquad [d\omega_2] = [\omega_{22} - \omega_{44} \omega_2]$$

La congruenza studiata $\mathcal{L}$ può essere decomposta in due modi diversi in una famiglia ∞^1 di sviluppabili che di$\mathbf{s}$tinguiamo come
prima e **seconda** famiglia, la prima essendo data dall'equazione

differenziale $\omega_1=0$ e la seconda dalla $\omega_2=0$. Alla prima famiglia di sviluppabili corrisponde il <u>primo fuoco</u> A_1 ed il <u>primo piano focale</u> E_3, alla seconda invece il <u>secondo fuoco</u> A_2 ed il <u>secondo piano focale</u> E_4. La distinzione fra la prima e seconda famiglia di sviluppabili, fra il primo e secondo fuoco, fra il primo e secondo piano focale sarà denominata <u>orientazione</u> della congruenza $\mathscr{L}$. Occorre notare che al cambiamento di orientazione corrisponde la sostituzione

$$(19) \quad \begin{pmatrix} A_1 & A_2 & A_3 & A_4 & E_1 & E_2 & E_3 & E_4 & \omega_1 & \omega_2 & \alpha_1 & \alpha_2 & \beta_1 & \beta_2 \\ A_2 & A_1 & A_4 & A_3 & E_2 & E_1 & E_4 & E_3 & \omega_2 & \omega_1 & \alpha_2 & \alpha_1 & \beta_2 & \beta_1 \end{pmatrix}.$$

Notiamo anche che la dualità (se non si cambia l'orientazione) può essere espressa dalla sostituzione

$$(20) \quad \begin{pmatrix} A_1 & A_2 & A_3 & A_4 & E_1 & E_2 & E_3 & E_4 & \omega_1 & \omega_2 & \alpha_1 & \alpha_2 & \beta_1 & \beta_2 \\ E_3 & E_4 & E_1 & E_2 & A_3 & A_4 & A_1 & A_2 & -\omega_1 & -\omega_2 & \beta_1 & \beta_2 & \alpha_1 & \alpha_2 \end{pmatrix}.$$

Nel nostro trattamento si farà poco esplicito uso dei parametri u,v, la cui scelta non ha dunque per noi molta importanza. Notiamo però che nei problemi che ci interessano è ben naturale far uso di <u>parametri</u> u,v sviluppabili, tali cioè che le sviluppabili della congruenza $\mathscr{L}$ siano date da v=cost. e da u=cost. Se la $\mathscr{L}$ è orientata, possiamo supporre che v=cost. per la prima famiglia di sviluppabili dimodochè

$$(21) \qquad \left[\omega_1 \, dv\right]=0 \quad , \quad \left[\omega_2 \, d\,u\right]=0.$$

Abbiamo già notato che il riferimento (2) non dipende solo dai parametri principali u,v, ma anche da 5 parametri secondari. Seguendo E.Cartan, indichiamo con δ il simbolo di differenziazione estesa solo ai parametri secondari dimodochè $\omega_1(\delta)=\omega_2(\delta)=0$ e poniamo $\omega_{ij}(\delta)=\varrho_{ij}$ sicchè, secondo

(7), (8), (11) e (17)

$$(22) \quad e_{14} = e_{23} = 0, \qquad e_{11} + e_{22} + e_{33} + e_{44} = 0.$$
$$e_{12} = e_{21} = e_{43} = 0, \qquad e_{32} = e_{41} = 0.$$

Ora dalle (17) si ricava

$$(23) \quad \delta\alpha_1 = (e_{11} - 2e_{22} + e_{44})\alpha_1, \qquad \delta\alpha_2 = (e_{22} - 2e_{11} + e_{33})\alpha_2$$
$$\delta\beta_1 = -(e_{22} + e_{33} - 2e_{44})\beta_1, \qquad \delta\beta_2 = -(e_{11} + e_{44} - 2e_{33})\beta_2$$

e dalle (18)

$$(24) \quad \delta\omega_1 = (e_{11} - e_{33})\omega_1, \qquad \delta\omega_2 = (e_{22} - e_{44})\omega_2$$

Ne consegue che le forme differenziali

$$(25) \quad \varphi = \alpha_1\alpha_2\omega_1\omega_2, \quad \varphi^* = \beta_1\beta_2\omega_1\omega_2, \quad F_1 = \alpha_1\beta_1\frac{\omega_2^3}{\omega_1}, \quad F_2 = \alpha_2\beta_2\frac{\omega_1^3}{\omega_2}$$

legate dall'identità

$$(26) \quad \varphi \cdot \varphi^* = F_1 \cdot F_2$$

sono invarianti proiettivi differenziali della congruenza $\mathcal{L}$,
e che invarianti sono pure le equazioni

$$(27) \quad \beta_2\omega_1^2 + \alpha_1\omega_2^2 = 0, \qquad \alpha_2\omega_1^2 + \beta_1\omega_2^2 = 0.$$

L'insieme delle forme differenziali (25) e delle equazioni differenziali (27) sia detto elemento lineare proiettivo della
congruenza $\mathcal{L}$. Noi non avremo occasione d'introdurre qui altri
invarianti proiettivi della $\mathcal{L}$; notiamo solo che il classico
invariante di Waelshdi una congruenza è identico al rapporto
$\varphi^* : \varphi$. Dalla (19) si ricava che al cambiamento d'orientazione corrisponde la sostituzione

$$(28) \quad \begin{pmatrix} \varphi & \varphi^* & F_1 & F_2 \\ \varphi & \varphi^* & F_2 & F_1 \end{pmatrix};$$

invece la (20) mostra che alla dualità corrisponde la sostituzione

$$(29) \qquad \begin{pmatrix} \varphi & \varphi^* & F_1 & F_2 \\ \varphi^* & \varphi & F_1 & F_2 \end{pmatrix} .$$

Alla forma φ daremo il nome __forma puntuale__ della congruenza
$\mathscr{L}$, alla φ^* quello di __forma planare__; le F_1 e F_2 chiameremo
rispettivamente la prima e la seconda __forma focale__. La considerazione della forma puntuale e planare equivale in sostanza
a quella dei classici "invarianti" di Laplace-Darboux. Un significato geometrico semplice della forma puntuale e planare fu
dato da A.Terracini in 1927. Esso consegue facilmente dalle (12);
infatti si vede subito che negligendo gli infinitesimi d'ordine
superiore si ha

$$(A_1 + d\, A_1)_{\omega_1 = 0} = A_1 + \alpha_1 \omega_2 A_2, \quad (A_2 + dA_2)_{\omega_2 = 0} = A_2 + \alpha_2 \omega_1 A_1,$$

sosicchè il birapporto della quaterna di punti

$$A_1, \ A_2, \ (A_1 + d\, A_1)_{\omega_1 = 0}, \quad (A_2 + d\, A_2)_{\omega_2 = 0}$$

è uguale alla forma puntuale φ e dualmente quello della quaterna di piani

$$E_3, \ E_4, \ (E_3 + d\, E_3)_{\omega_1 = 0}, \quad (E_4 + d\, E_4)_{\omega_2 = 0}$$

è uguale alla forma planare φ^*. Pare che le forme focali compa-
iano solo in qualche mia recente conferenza. Non ho cercato la
loro interpretazione geometrica; più importante mi pare d'indicare il significato geometrico di trasformazioni che lasciano
inalterata la F_1 o F_2, il che sarà fatto nel seguito, spiegandosi
così anche le denominazioni.

Benchè le espressioni α_1, α_2, β_1, β_2 non siano invarianti, le (23) mostrano che il loro annullamento ha un significato geometrico.
Negligendo l'orientazione vi sono dieci tipi di congruenze non

paraboliche: Tipo I: $\alpha_1 \cdot \alpha_2 \cdot \beta_1 \cdot \beta_2 \neq 0$ di congruenze con due superficie focali non sviluppabili. Tipo II: $\alpha_1 \cdot \beta_1 \cdot \beta_2 \neq 0 = \alpha_2$ oppure $\alpha_2 \cdot \beta_1 \cdot \beta_2 \neq 0 = \alpha_1$ di congruenze con una superficie focale non sviluppabile ed una curva direttrice non rettilinea. Tipo II*: $\alpha_1 \cdot \alpha_2 \cdot \beta_1 \neq 0 = \beta_2$ oppure $\alpha_1 \cdot \alpha_2 \cdot \beta_2 \neq 0 = \cdot \beta_1$ duale al tipo II. Tipo III: $\alpha_1 \cdot \beta_2 \neq 0$, $\alpha_2 = \beta_1 = 0$ oppure $\alpha_2 \cdot \beta_1 \neq 0$ $\alpha_1 = \beta_2 = 0$ di congruenze con una superficie focale non sviluppabile ed una retta direttrice. Tipo IV: $\alpha_1 \cdot \beta_2 \neq 0$, $\alpha_1 = \beta_1 = 0$ oppure $\alpha_1 \beta_1 \neq 0$, $\alpha_2 = \beta_2 = 0$ di congruenze con una superficie focale sviluppabile ed una curva direttrice non rettilinea. Tipo V: $\beta_1 \cdot \beta_2 \neq 0$, $\alpha_1 = \alpha_2 = 0$ di congruenze con due curve direttrici non rettilinee. Tipo V*: $\alpha_1 \cdot \alpha_2 \neq 0$, $\beta_1 = \beta_2 = 0$ duale al tipo V. Tipo VI: $\beta_2 \neq 0$, $\alpha_1 = \alpha_2 = \beta_1 = 0$ oppure $\beta_1 \neq 0$, $\alpha_1 = \alpha_2 = \beta_2 = 0$ di congruenze con una retta direttrice ed una curva direttrice non rettilinea. Tipo VI*: $\alpha_2 \neq 0$, $\alpha_1 = \beta_1 = \beta_2 = 0$ oppure $\alpha_1 \neq 0$, $\alpha_2 = \beta_1 = \beta_2 = 0$ duale al tipo VI. Tipo VII: $\alpha_1 = \alpha_2 = \beta_1 = \beta_2 = 0$ di congruenze lineari non paraboliche.

Se $\alpha_1 \beta_2 \neq 0$, il primo fuoco A_1 genera una superficie (A_1) non sviluppabile, detta prima superficie focale, e si vede facilmente che la prima delle (27) dà le asintotiche di (A_1). Similmente per $\alpha_2 \cdot \beta_1 \neq 0$ il secondo fuoco A_2 genera la seconda superficie focale (A_2) che è non sviluppabile ele cui asintotiche son date dalla seconda delle (27). Si badi che il piano tangente alla <u>prima</u> superficie focale (A_1) è il <u>secondo</u> piano focale E_4 e similmente per (A_2).

E' ben noto che le rette di S_3 possono essere rappresentate coi punti di una ipersuperficie quadrica M di S_5. Indichiamo con $\bar{g}$ l(immagine su M della retta g. Le immagini $\bar{g}$ di tutte le rette g della congruenza α formano una superficie $\bar{\mathcal{L}}$ contenuta in M. La prima delle (16) mostra che il piano tangente a

$\overline{\mathcal{L}}$ in $\bar{g}$ congiunge i punti

$$(30) \qquad [\overline{A_1 A_2}], \quad [\overline{A_1 A_4}], \quad [\overline{A_2 A_3}] .$$

Le (16) mostrano inoltre che lo spazio $\overline{\Omega}$ 2-tangente a $\overline{\mathcal{L}}$ nel punto $\bar{g}$ è determinato dai punti (30) insieme coi punti

$$(31) \qquad [\overline{A_3 A_4}], \quad \beta_1 [\overline{A_1 A_3}] + \alpha_1 [\overline{A_2 A_4}], \quad \alpha_2 [\overline{A_1 A_3}] + \beta_2 [\overline{A_2 A_4}] .$$

In generale, se cioè $\alpha_1 \cdot \alpha_2 \neq \beta_1 \beta_2$ ossia $\varphi^* \neq \varphi$, lo spazio $\overline{\Omega}$ ha dimensione 5, coincide quindi col tutto S_5. Se invece $\alpha_1 \cdot \alpha_2 = \beta_1 \beta_2$ ossia

$$(32) \qquad \varphi^* = \varphi ,$$

la dimensione di $\overline{\Omega}$ è minore di 5. Se $\mathcal{L}$ è una congruenza lineare(del tipo VII), tale dimensione è uguale a 3, lo spazio $\overline{\Omega}$ è fisso ed $\overline{\mathcal{L}}$ è una superficie quadrica, com'è ben noto. Escluso il tipo VII, se vale la (32) la dimensione di $\overline{\Omega}$ è uguale a 4, $\overline{\Omega}$ è dunque l'immagine di un complesso lineare Ω di rette di S_3, detto <u>complesso lineare osculatore</u> a $\mathcal{L}$ (nella retta g considerata). La (32) è verificata per tutte le congruenze dei tipi III, IV, VI e VI* è non è verificata per nessuna congruenza dei tipi II, II*, V e V*. Le congruenze dei tipi III, VI e VI* posseggono una retta direttrice d, il complesso Ω è speciale e consiste delle rette incidenti a d; per le congruenze del tipo IV, il complesso Ω non è speciale. Le congruenze del tipo I soddisfacenti la (32) formano una sottoclasse ben nota di congruenze del tipo I, la classe delle congruenze W definibile dalla proprietà che le rette di $\mathcal{L}$ determinano una corrispondenza <u>asintotica</u> fra le due superficie focali; il complesso lineare osculatore Ω non è speciale. E' chiaro che scelto comunque nello spazio S_3 un complesso lineare fisso Ω (speciale o non speciale), allora ogni congruenza $\mathcal{L}$ contenuta in Ω soddisfa la (32) e il complesso lineare osculatore relativo ad ogni retta g di $\mathcal{L}$ coincide con Ω . Viceversa, se una congruenza $\mathcal{L}$ soddisfa la (32) e se il suo complesso lineare osculatore Ω è fisso (indipendente dalla retta g di $\mathcal{L}$), allora la congruenza $\mathcal{L}$ è contenuta in Ω . Ciò accade per tutte le congruenze dei tipi III, VI e VI* (contenute in un complesso lineare fisso speciale), però fra le congruenze W e le congruenze del tipo IV soddisfacenti la (32) quelle che son contenute in un complesso lineare fisso (necessariamente non speciale) formano solo un caso particolare.

Ora consideriamo, insieme colla congruenza $\mathcal{L}$, un'altra congruenza $\mathcal{L}'$, pure non parabolica, contenuta in S_3' (la posizione relativa degli spazi S_3, S_3' non importa per i problemi che ci interessano). Per $\mathcal{L}'$ introduciamo notazioni affatto analoghe a quelle introdotte per $\mathcal{L}$, indicando con apici le espressioni relative ad $\mathcal{L}'$. Sarà pure conveniente di porre

$$(33) \qquad \tau_{ij} = \omega'_{ij} - \omega_{ij}$$

sicchè p.es. $\left[v.(7) \text{ e } (8)\right]$

$$(34) \qquad \tau_{11} + \tau_{22} + \tau_{33} + \tau_{44} = 0$$

$$(35) \qquad \tau_{14} = 0 , \quad \tau_{23} = 0 .$$

Consideriamo una trasformazione T (retta $\rightarrow$ retta) fra $\mathcal{L}$ ed $\mathcal{L}'$. In queste conferenze ci limiteremo allo studio di corrispondenze sviluppabili nel senso di portare le rigate sviluppabili contenute in $\mathcal{L}$ nelle sviluppabili di $\mathcal{L}'$. Si può quindi supporre che per qualunque retta g di $\mathcal{L}$, le due rette g e g' = T_g corrispondono agli stessi valori di u,v, i parametri u,v essendo sviluppabili per ambedue le congruenze. Il riferimento

$$(36) \qquad A_1', \ A_2', \ A_3', \ A_4'$$

si può allora, come si vede facilmente, assoggettare alla condizione $\omega_1' = \omega_1$, $\omega_2' = \omega_2$ ossia

$$(37) \qquad \tau_{13} = 0 \ , \quad \tau_{24} = 0 \ .$$

Notiamo esplicitamente le equazioni

$$(38) \qquad \omega_{12}' = \alpha_1' \omega_1 \ , \quad \omega_{21}' = \alpha_2' \omega_1 \ , \quad \omega_{34}' = \beta_2' \omega_1 \ , \quad \omega_{43}' = \beta_1' \omega_2$$

che corrispondono alle (11). Differenziando esteriormente le
(37) si ottiene

$$(39) \qquad \left[\tau_{31} - \tau_{33} \quad \omega_1 \right] = 0 \ , \quad \left[\tau_{22} - \tau_{44} \quad \omega_2 \right] = 0 \ ,$$

Scelte comunque le u,v, un'omografia $H(S_3 \to S_3')$ si dirà
tangente, rispettivamente **osculatrice**, alla trasformazione T
(nella retta g di $\mathscr{L}$ corrispondente ai valori scelti di u,v),
se H realizza un contatto analitico del primo, rispettivamente
secondo ordine, fra le due congruenze (nel senso della geometria rigata, cioè nell'S_5 rappresentativo H realizza contatto
analitico puntuale del primo, rispettivamente secondo ordine
fra le superficie $\mathscr{L}$, $\mathscr{L}'$). Condizioni analitiche per un'omografia tangente H sono (scegliendo convenientemente il fattore
scalare)

$$(40) \qquad H\left[A_1 A_2\right] = \left[A_1' A_2'\right] \ , \quad H\,d\left[A_1 A_2\right] = d\left[A_1' A_2'\right] + \vartheta\left[A_1' A_2'\right] ;$$

per un'omografia osculatrice bisogna aggiungere la condizione
ulteriore

$$(41) \qquad H\,d^2\left[A_1 A_2\right] = d^2\left[A_1' A_2'\right] + 2\vartheta\,d\left[A_1' A_2'\right] + (\cdot)\left[A_1' A_2'\right] \ .$$

Facendo uso della prima delle (16) e ricordando le (37), possiamo dare alla condizione (46) la forma

$$(42) \quad H[A_1 A_2] = [A_1' A_2'], \quad H[A_2 A_3] = [A_2', A_3' + \lambda_1 A_1'], \quad H[A_1 A_4] = [A_1', A_4' + \lambda_2 A_2']$$

dove

$$(43) \quad \vartheta = \lambda_1 \omega_1 + \lambda_2 \omega_2 - (\tau_{11} + \tau_{12}).$$

Vediamo che omografie tangenti H esistono per ogni T sviluppabile (invece non esisterebbero se T non fosse sviluppabile) e sono

$$(44) \quad \begin{aligned} H\, A_1 &= \rho\, A_1' \\ H\, A_2 &= \rho^{-1} A_2' \\ H\, A_3 &= \rho\, (A_3' + \lambda_1 A_1') + \mu_1 A_2', \\ H\, A_4 &= \rho^{-1} (A_4' + \lambda_2 A_2') + \mu_2 A_1', \end{aligned}$$

dove $\rho \neq 0$, λ_1, λ_2, μ_1, μ_2 possono scegliersi a piacere sicchè per dati valori di u,v si hanno ∞^5 omografie tangenti H. Notiamo che il cambiamento del segno di ρ ha solo un significato formale giacchè la sostituzione

$$(45) \quad \begin{pmatrix} \rho & \lambda_1 & \lambda_2 & \mu_1 & \mu_2 \\ -\rho & \lambda_1 & \lambda_2 & -\mu_1 & -\mu_2 \end{pmatrix}$$

non cambia che il fattore scalare di H. L'espressione di H in coordinate di piani è

$$(46) \quad \begin{aligned} H\, E_1 &= \rho^{-1} (E_1' - \lambda_1 E_3') - \mu_2 E_4', \\ H\, E_2 &= \rho\, (E_2' - \lambda_2 E_4') - \mu_1 E_3', \\ H\, E_3 &= \rho^{-1} E_3', \\ H\, E_4 &= \rho\, E_4'. \end{aligned}$$

e in coordinate di retta

$$H\begin{bmatrix}A_1 A_2\end{bmatrix} = \begin{bmatrix}A_1' A_2'\end{bmatrix}$$

$$H\begin{bmatrix}A_1 A_3\end{bmatrix} = \rho^2\begin{bmatrix}A_1' A_3'\end{bmatrix} + \rho\mu_1\begin{bmatrix}A_1' A_2'\end{bmatrix}$$

$$H\begin{bmatrix}A_1 A_4\end{bmatrix} = \begin{bmatrix}A_1' A_4'\end{bmatrix} + \lambda_2\begin{bmatrix}A_1' A_2'\end{bmatrix}$$

(47)

$$H\begin{bmatrix}A_2 A_3\end{bmatrix} = \begin{bmatrix}A_2' A_3'\end{bmatrix} - \lambda_1\begin{bmatrix}A_1' A_2'\end{bmatrix}$$

$$H\begin{bmatrix}A_2 A_4\end{bmatrix} = \rho^2\begin{bmatrix}A_2' A_4'\end{bmatrix} - \rho^{-1}\mu_2\begin{bmatrix}A_1' A_2'\end{bmatrix}$$

$$H\begin{bmatrix}A_3 A_4\end{bmatrix} = \begin{bmatrix}A_3' A_4'\end{bmatrix} + (\lambda_1\lambda_2 - \mu_1\mu_2)\begin{bmatrix}A_1' A_2'\end{bmatrix} +$$

$$+ \lambda_1\begin{bmatrix}A_1' A_4'\end{bmatrix} - \lambda_2\begin{bmatrix}A_2' A_3'\end{bmatrix} - \rho\mu_2\begin{bmatrix}A_1' A_3'\end{bmatrix} + \rho^{-1}\mu_1\begin{bmatrix}A_2' A_4'\end{bmatrix}$$

E' chiaro che cambiando l'orientazione di $\mathcal{L}$ si deve cambiare anche quella di $\mathcal{L}'$; per tale cambiamento d'orientazione si ha, oltre (19) e l'analoga relativa a $\mathcal{L}'$, ancora la

(48)
$$\begin{pmatrix} \rho & \lambda_1 & \lambda_2 & \mu_1 & \mu_2 \\ \rho^{-1} & \lambda_2 & \lambda_1 & \mu_2 & \mu_1 \end{pmatrix}$$

Le dualità è espressa dalla (20) insieme colla

(49)
$$\begin{pmatrix} \rho & \lambda_1 & \lambda_2 & \mu_1 & \mu_2 \\ \rho^{-1} & -\lambda_1 & -\lambda_2 & -\mu_2 & -\mu_1 \end{pmatrix}$$

La nozione dell'omografia tangente non dipende dall'orientazione ed è autoduale. Dalle (16) segue

$$d^2[A_1 A_2] = (d\,\overline{\omega_{11}+\omega_{22}} \cdot \overline{\omega_{11}+\omega_{22}}^2 + \omega_{31}\omega_3 + \omega_{42}\omega_2)\,[A_3 A_2] +$$

$$+ (d\omega_2 + 2\omega_{11} + \omega_{22} + \omega_{44}\,\omega_2)\,[A_1 A_4] - (d\omega_4 + \overline{\omega_{11} + 2\omega_{22} + \omega_{33}}\,\omega_4)\,[A_1 A_3] +$$

(50)

$$+ (\beta_1\omega_2^2 - \alpha_2\omega_1^2)\,[A_1 A_3] + (\alpha_1\omega_2^2 - \beta_2\omega_1^2)\,[A_2 A_4] + 2\omega_3\omega_2\,[A_3 A_4]$$

e relazione analoga si ha anche per $\mathcal{L}'$. Osservando (43) e (47) si ottiene

$$Hd^2[A_1, A_2] = d^2[A'_1 A'_2] + 2\,\theta'd\,[A'_1 A'_2] + (\cdot)\,[A'_1 A'_2] -$$

$$(51) \quad -(\tau_{11} - \tau_{33} - 2\lambda_1\omega_1)\omega_1\,[A'_2 A'_3] + (\tau_{22} - \tau_{44} - 2\lambda_2\omega_2)\omega_2\,[A'_1 A'_4] +$$

$$+\left\{(\alpha'_2 - \rho^2\alpha_2)\omega_1^2 - (\beta'_1 - \rho^2\beta_1)\omega_2^2 - 2\rho\mu_2\omega_1\omega_2\right\}[A'_1 A'_3] +$$

$$+\left\{(\beta'_2 - \rho^{-2}\beta_2)\omega_1^2 - (\alpha'_1 - \rho^{-2}\alpha_1)\omega_2^2 - 2\rho^{-1}\mu_1\omega_1\omega_2\right\}[A'_2 A'_4]$$

Le (39) permettono di porre

$$(52) \qquad \tau_{11} - \tau_{33} = f_1\omega_1, \qquad \tau_{22} - \tau_{44} = f_2\omega_2.$$

Il confronto di (50) con (41) prova che H è un'omografia osculatrice se e solo se

$$(53) \qquad \alpha'_1 = \rho^{-2}\alpha_1, \quad \alpha'_2 = \rho^2\alpha_2, \quad \beta'_1 = \rho^2\beta_1, \quad \beta'_2 = \rho^{-2}\beta_2,$$

$$(54) \qquad 2\lambda_1 = f_1, \quad 2\lambda_2 = f_2, \quad \mu_1 = 0, \quad \mu_2 = 0.$$

Una trasformazione T (necessariamente sviluppabile) della congruenza $\mathcal{L}$ si dice deformazione proiettiva, se per ogni scelta di
parametri u,v esiste un'omografia osculatrice. Abbiamo quindi
provato che condizione necessaria e sufficiente per deformazione
proiettiva di una congruenza non parabolica è l'esistenza di un
$\rho \neq 0$ tale che valgano le (53). Segue che il tipo (v.pag.6)
di una congruenza non cambia per deformazioni proiettive. Se
$\mathcal{L}, \mathcal{L}'$ sono congruenze lineari (tipo VII), le (53) sono identicamente soddisfatte sicchè ogni trasformazione sviluppabile $\mathcal{L} \to \mathcal{L}'$
è allora una deformazione proiettiva, e date le u,v, vi è ancora
nell'omografia osculatrice un parametro arbitrario $\rho^2 \neq 0$. Per tutti gli altri tipi si ha invece che le equazioni (53) (supposte
risolubili) determinano univocamente ρ^2 sicchè, date le u,v
l'omografia osculatrice è unica. Si vede che nel caso dei tipi
VI e VI[*] di nuovo ogni trasformazione sviluppabile $\mathcal{L} \to \mathcal{L}'$ è
deformazione proiettiva, il che non è più vero per gli altri tipi.

Notiamo ancora che, secondo (44) e (54), l'omografia osculatrice,
che indichiamo con H_o, è data da

$$H_o A_1 = \rho\, A_1'$$

$$H_o A_2 = \rho^{-1} A_2'$$

(55)

$$H_o A_3 = \rho\, (A_3' + \tfrac{1}{2}\, f_1 A_1')$$

$$H_o A_4 = \rho^{-1}(A_4' + \tfrac{1}{2}\, f_2 A_2')$$

dove ρ soddisfa le (53).

Torniamo al caso generale di una trasformazione sviluppabile qualsiasi e indichiamo con H una qualunque omografia tangente.
Se $\alpha_1 \neq 0 \neq \alpha_1'$, allora per $\omega_1 = 0$ il punto A_1 descrive una curva
C_1 ed il punto A_1' descrive una curva C_1'. Si vede subito che le
due curve $H\,C_1$ e C_1' hanno nel punto comune A_1' contatto geometrico del primo ordine e lo stesso piano osculatore, sicchè si può
calcolare l'invariante di contatto (v.p. es. Fubini-Cech, Introduc-
tion à la géométrie projective différentielle des surfaces p.32)
che indichiamo con j_1. Avendosi

$$H A_1 = \rho A_1',\ \ H\alpha A_1 \equiv \rho \omega_{11} A_1' + \rho^{-1}\alpha_1 \omega_2 A_2',\ \alpha A_1' \equiv (\omega_{11} + \tau_{11}) A_1' + \alpha_1' \omega_2 A_2'\ (\text{mod } \alpha_1)$$

si ottiene

(56)
$$j_1 = \frac{\rho^2 \alpha_1'}{\alpha_1};$$

similmente se $\alpha_2 \neq 0 \neq \alpha_2'$, per $\omega_2 = 0$ il punto A_2 descrive una
curva C_2 e il punto A_2' descrive una curva C_2' e l'omografia H
realizza contatto geometrico del primo ordine di C_2 e C_2' con
invariante di contatto

(57)
$$j_2 = \frac{\alpha_2'}{\rho^2 \alpha_2}$$

Dualmente: se $\beta_1 \neq 0 \neq \beta_1'$, allora H realizza contatto geometrico del primo ordine fra le curve duali descritte per $\omega_1=0$ dai piani E_3 e E'_3 e l'invariante di tale contatto è

(58)
$$\ddot{j}_1^* = \frac{\beta'_1}{\rho^2 \beta_1},$$

se $\beta_2 \neq 0 \neq \beta'_2$, allora H realizza contatto geometrico del primo ordine fra le curve duali descritte per $\omega_2=0$ dai piani E_4 e E'_4 e l'invariante di tale contatto è

(59)
$$\ddot{j}_2^* = \frac{\rho^2 \beta'_2}{\beta_2}$$

E' notevole che gli invarianti di contatto che abbiamo indotto dipendono solo da ρ^2 e non da λ_1 , λ_2 , μ_1 , μ_2 .. Ora H trasforma la punteggiata $[A_1 A_2]$ nella punteggiata $[A'_1 A'_2]$ mediante una proiettività π :

(60)
$$\pi A_1 = \rho A'_1, \qquad \pi A_2 = \rho^{-1} A'_2$$

ed il fascio di piani d'asse $[A_1 A_2]$ nel fascio di piani d'asse $[A'_1 A'_2]$ mediante una proiettività π^* :

(61)
$$\pi^* E_3 = \rho^{-1} E'_3, \qquad \pi^* E_4 = \rho E'_4$$

La proiettività π porta il primo fuoco A_1 nel primo fuoco A'_1, il secondo fuoco A_2 nel secondo fuoco A'_2; la proiettività π^* porta il primo piano focale E_3 nel primo piano focale E'_3, il secondo piano focale E_4 nel secondo piano focale E'_4. Scelto ρ^2 , le due proiettività π , π^* son ben determinate; viceversa la scelta dell'una delle due proiettività π , π^* determina ρ^2 e quindi anche l'altra. E' facile di descrivere geometricamente la relazione fra le π , π^* . Scegliendo ρ^2, son date le proiettività π , π^* ed in conseguenza possiamo estendere la trasformazione T ($\mathcal{L} \rightarrow \mathcal{L}'$, retta $\rightarrow$ retta) da una parte in una trasformazione puntuale $S_3 \rightarrow S'_3$, che indicheremo con T(π)

e dall'altra in una trasformazione planare $S_3^* \rightarrow S_3'^*$ (essendo
S_3^*, $S_3'^*$ gli spazi duali rispetto ad S_3, S_3'), che indicheremo
con T(π^*). Si ha

(62)
$$T(\pi)(x_1 A_1 + x_2 A_2) = \rho\, x_1 A_1' + \rho^{-1} x_2 A_2',$$

(63)
$$T(\pi^*)(x_1 E_3 + x_2 E_4) = \rho^{-1} x_1 E_3' + \rho x_2 E_4'.$$

Ponendo le u,v uguali a funzioni di un parametro t scelto comunque purchè $[\omega_1 dt] \neq 0 \neq [\omega_2 dt]$, si ottiene una rigata
sghemba R contenuta in $\mathscr{L}$ cui corrisponde in $\mathscr{L}'$ una rigata
sghemba R'. Ora le (12) danno

$$[A_1, A_2, d(x_1 A_1 + x_2 A_2)] = [A_1, A_2, x_1 \omega_1 A_3 + x_2 \omega_2 A_4]$$

sicchè secondo (14) il piano tangente a R nel punto

$$X = x_1 A_1 + x_2 A_2$$

è

$$X^* = x_2 \omega_2 E_3 - x_1 \omega_1 E_4.$$

Similmente il piano tangente a R nel punto,

$$\pi X = \rho\, x_1 A_1' + \rho^{-1} x_2 A_2'$$

è

$$[A_1', A_2', \rho\, x_1 \omega_1 A_3' + \rho^{-1} x_2 \omega_2 A_4'],$$

che coincide col piano $\pi^* X^*$, ciò che dà la descrizione geometrica richiesta della relazione fra le due proiettività π , π^*.

Consideriamo in brevità le asintotiche curve delle rigate
R,R'. Dalle (12) si deduce

$$\left[A_1, A_2, d^2(x_1 A_1 + x_2 A_2)\right]_n =$$
$$= \left(2\omega_1 dx_1 + x_1 d\omega_1 + x_1 \cdot \overline{\omega_{11} + \omega_{33}}\,\omega_1 + x_2 \cdot \overline{\alpha_1 \omega_2^2 + \beta_1 \omega_1^2}\right)[A_1 A_2 A_3] +$$
$$+ \left(2\omega_2 dx_2 + x_2 d\omega_2 + x_2 \cdot \overline{\omega_{22} + \omega_{44}}\cdot \omega_2 + x_1 \cdot \overline{\alpha_1 \omega_2^2 + \beta_2 \omega_1^2}\right)[A_1 A_2 A_4],$$

sicchè l'equazione differenziale delle asintotiche della rigata R è

$$(64)\quad
\begin{aligned}
&2\omega_1 \omega_2 (x_2 dx_1 - x_1 dx_2) - x_1^2(\alpha_1 \omega_2^2 + \beta_2 \omega_1^2)\omega_1 + x_2^2(\alpha_2 \omega_2^2 + \beta_1 \omega_2^2) + \\
&+ x_1 x_2 \left(\omega_2 d\alpha_1 - \omega_1 d\alpha_2 + \overline{\omega_{11} - \omega_{22} + \omega_{33} - \omega_{44}}\cdot \omega_1 \omega_2\right) = 0
\end{aligned}$$

Similmente l'equazione differenziale delle asintotiche della rigata R' è

$$\begin{aligned}
&2\omega_1 \omega_2 (x_2 dx_1 - x_1 dx_2) - \rho^2 x_1^2(\alpha_1' \omega_2^2 + \beta_2' \omega_1^2)\omega_1 + \rho^{-2} x_2^2(\alpha_2' \omega_2^2 + \beta_1' \omega_2^2)\omega_2 + \\
&+ x_1 x_2 \left(\alpha_1 d\omega_1 - \omega_1 d\alpha_2 + \left(2\frac{d\rho}{\rho} + \omega_{11} - \omega_{22} + \omega_{33} - \omega_{44} + \tau_{11} - \tau_{22} + \tau_{33} - \tau_{44}\right)\omega_1 \omega_2\right) = 0
\end{aligned}$$

Sottraendo si ricava

$$(65)\quad
\begin{aligned}
&x_1^2\left(\overline{\alpha_1 - \rho^2 \alpha_1'}\cdot \omega_2^2 + \overline{\beta_2 - \rho^2 \beta_2'}\cdot \omega_1^2\right) - x_2^2\left(\alpha_2 - \rho^{-2}\alpha_2' - \omega_1^2 + \overline{\beta_1 - \rho^{-2}\beta_1'}\cdot \omega_2^2\right)\omega_2 + \\
&+ x_1 x_2\left(2\frac{d\rho}{\rho} + \tau_{11} - \tau_{22} + \tau_{33} - \tau_{44}\right)\omega_1 \omega_2 = 0
\end{aligned}$$

In queste conferenze non discuterò l'equazione (65) per trasformazioni sviluppabili generali, limitandomi a considerare più tardi il caso di deformazioni proiettive.

Per mancanza di tempo mi limiterò nel seguito a considerare solo il caso di corrispondenze sviluppabili fra due congruenze non paraboliche del tipo I:

(66)
$$\alpha_1 \alpha_2 \beta_1 \beta_2 \neq 0 \neq \alpha_1' \alpha_2' \beta_1' \beta_2',$$

$\mathcal{L}$ possiede dunque due superficie focali non sviluppabili (A_1), (A_2) e similmente anche $\mathcal{L}'$.

La condizione (53) della deformazione proiettiva è una condizione **tripla.** Ora la congruenza $\mathcal{L}$ dipende da due funzioni arbitrarie di due variabili e la stessa generalità ha anche $\mathcal{L}'$; perchè una corrispondenza sviluppabile fra $\mathcal{L}$, $\mathcal{L}'$ date non dipende che da (due) funzioni di **una** variabile, si vede che la T più grande dipende da **quattro** funzioni arbitrarie di **due** variabili. Si può **quindi aspettare** che una generica $\mathcal{L}$ è **proietti vamente indeformabile**, vale a dire che ogni sua deformazione proiettiva è una trasformazione **omografica** $\mathcal{L} \rightarrow \mathcal{L}'$, e che le congruenze $\mathcal{L}$ proiettivamente deformabili dipendono da una funzione arbitraria di due variabili. Che proprio è così, constatò già E.Cartan nel 1924 nella sua comunicazione al Congresso di Strassburgo, che contiene i primi risultati positivi nella teoria piuttosto complicata della deformazione proiettiva di congruenze rettilinee. Si può anche aspettare che una delle due superficie focali, sia (A_1), può scegliersi ad arbitrio e che le congruenze $\mathcal{L}$ proiettivamente deformabili con una superficie focale (A_1) data dipendono da un certo numero di funzioni arbitrarie di una variabile. Ma una dimostrazione rigorosa e la precisazione necessaria non fu data che recentemente da Bam-Zelikovic nel seminario dell'università di Mosca condotto dal Prof. Finikox (v.S.P.Finikov Teorija kongruencij, 1950, p.497/9, 506); le congruenze $\mathcal{L}$ proiettivamente deformabili a superficie focale (A_1) data dipendono da sette funzioni arbitrarie di una variabile.

Io trovai indipendentemente qualche anno fa lo stesso risultato mediante calcoli un po' lunghi che però promettono risultati ulteriori più generali.

E' naturale la domanda sulla caratterizzazione geometrica

delle trasformazioni sviluppabili T che soddisfano solo _una_
delle quattro condizioni (53). A tale uopo si osservi che in
virtù della supposizione (66) son definiti e diversi da zero
tutti e quattro invarianti di contatto j_1, j_2, j_1^*, j_2^* e l'arbitrarietà della scelta di $\rho^2 \neq 0$ permette di prescrivere ad arbitrio
il valore, purchè diverso da zero, di uno di essi. Ora $j_1=1$ è
la condizione perchè H realizzi per $\omega_1 = 0$ contatto analitico
(del primo ordine) $A_1 \to A_1'$, $j_2=1$ è la condizione perchè H realizzi per $\omega_2 = 0$ contatto analitico $A_2 \to A_2'$, $j_1^*=1$ è la condizione
perchè H realizzi per $\omega_1 = 0$ contatto analitico $A_2 \to A_2'$, $j_2^*=1$
è la condizione perchè H realizzi per $\omega_1 = 0$ contatto analitico
$E_4 \to E_4'$. Ma dalle (12) e (14) segue

$$H A_1 = \rho A_1', \quad H d A_1 = d(\rho A_1') + (\cdot) A_1' + \left(\mu_1 \omega_1 + \rho^{-3} \overline{\alpha_1} - \rho \alpha_1' \omega_2 \right) A_2'$$

e similmente per A_2, E_3, E_4. Dunque (senza le limitazioni $\omega_1 = 0$
o $\omega_2 = 0$):

$$\left.\begin{array}{l} j_1 = 1, \quad \mu_1 = 0 \\ j_2 = 1, \quad \mu_2 = 0 \\ j_1^* = 1, \quad \mu_2 = 0 \\ j_2^* = 1, \quad \mu_1 = 0 \end{array}\right\} \quad \text{è la condizione perchè} \quad \left\{\begin{array}{l} A_1 \to A_1' \\ A_2 \to A_2' \\ E_3 \to E_3' \\ E_4 \to E_4' \end{array}\right.$$

è la condizione perchè H realizzi contatto analitico del primo ordine

Si ottiene così il significato geometrico di tali trasfor
mazioni sviluppabili $\mathscr{L} \to \mathscr{L}'$ che lasciano inalterata una delle quattro forme differenziali (25). Vediamo in primo luogo che
$\varphi = \varphi'$ (uguaglianza delle forme puntuali) se e solo se per
qualunque scelta di u,v esiste un'omografia $H(S_3 \to S_3')$ che realiz
za contatto analitico del primo ordine tanto per $A_1 \to A_1'$ quanto
per $A_2 \to A_2'$ (si verifica facilmente che una tale H è necessa-

riamente tangente per T, vale a dire che essa realizza anche con tatto analitico $[A_1A_2] \longrightarrow [A_1'A_2']$) e che dualmente $\varphi^* = \varphi^{*'}$ (uguaglianza delle forme planari) se e solo se per qualunque u,v esiste un'omografia H ($S_3 \longrightarrow S_3'$) che realizza contatto analitico del primo ordine tanto per $E_3 \longrightarrow E_3'$ quanto per $E_4 \longrightarrow E_4'$. Tutto ciò è evidentemente conseguenza della caratterizzazione geometrica data dal Terracini (v.pag.6) della forma φ (e della forma duale φ^*) e non dà quindi niente essenzialmente nuovo. E' invece nuovo che $F_1=F_1'$ (uguaglianza delle prime forme focali) se e solo se per qualunque u,v esiste un'omografia H($S_3 \longrightarrow S_3'$) che realizza contatto analitico del primo ordine simultaneamente per $A_1 \longrightarrow A_1'$, per $E_3 \longrightarrow E_3'$ e per $[A_1A_2] \longrightarrow [A_1'A_2']$; similmente $F_2=F_2'$ (uguaglianza delle secondo forme focali) se e solo se per qualunque u,v esiste un'omografia H($S_3 \longrightarrow S_3'$) che realizza contatto analitico del primo ordine simultaneamente per $A_2 \longrightarrow A_2'$, per $E_4 \longrightarrow E_4'$ e per $[A_1A_2] \longrightarrow [A_1' A_2']$. Dunque la condizione $\varphi = \varphi'$ riguarda solo i fuochi A_1 e A_2, la condizione $\varphi^* = \varphi^{*'}$ solo i piani focali E_3 e E_4, la condizione $F_1=F_1'$ solo il primo fuoco A_1 ed il primo piano focale E_3, la condizione $F_2=F_2'$ solo il secondo fuoco A_2 ed il secondo piano focale E_4. Son quindi ormai chiare le ragioni per le denominazioni forma puntuale φ , forma planare φ^* , prima e seconda forma focale F_1 e F_2 ed è naturale chiamare <u>deformazioni puntuali</u> le trasformazioni sviluppabili T che conservano φ , <u>deformazioni planari</u> quelle che conservano φ^* , <u>deformazioni focali</u> di prima e di seconda specie quelle che conservano F_1, risp. F_2. E' pure opportuno di chiamare <u>deformazioni asintotiche</u> di prima specie le trasformazioni sviluppabili che determinano una corrispondenza asintotica fra le prime superficie focali (A_1) e (A_1') e deformazioni asintotiche di seconda specie quelle che determinano una corrispondenza asintotica fra le seconde superficie focali (A_2) e (A_2'). Tutte queste

sono insomma 6 specie particolari di trasformazioni sviluppabili
T e le deformazioni proiettive son quelle che appartengono simultaneamente a tutte le sei specie; viceversa [sotto la condizione
(66)] le trasformazioni sviluppabili che appartengono a tre
qualunque fra le sei specie appartengono necessariamente alle
altre tre e son quindi deformazioni proiettive. E' chiaro che
per qualunque delle sei specie di deformazioni che abbiam introdot_
te la prima congruenza $\mathcal{L}$ (del tipo I) può scegliersi ad arbitrio
e la seconda $\mathcal{L}'$ (pure del tipo I) dipende poi da $\underline{una}$ funzione
arbitraria di $\underline{due}$ variabili.

Siccome una congruenza $\mathcal{L}$ non parabolica dipende da due
funzioni arbitrarie di due variabili, non si possono scegliere
arbitrariamente tre delle quattro forme (25) (il che determinereb_
be, facendo uso dell'identità (26), anche la quarta), ma può aspet_
tarsi che $\underline{due}$ relazioni fra le quattro forme (25) possono pre-
scriversi ad arbitrio. Ciò si conferma col calcolo che segue. Si
vede facilmente che è sempre possibile di scegliere il riferimen_
to (2) in modo she si abbia

(67)
$$\omega_1 = d\,v, \qquad \omega_2 = d\,u;$$

allora

$$\varphi = \alpha_1 \alpha_2\, du\, dv, \qquad \varphi^* = \beta_1 \beta_2\, du\, dv, \qquad F_1 = \alpha_1 \beta_1\, \frac{du^3}{dv}$$

Cerchiamo le congruenze $\mathcal{L}$ (del tipo I) tali che

(68)
$$\Phi(\alpha_1\alpha_2, \beta_1\beta_2, \alpha_1\beta_1, u, v)=0, \qquad \Psi(\alpha_1\alpha_2, \beta_1\beta_2, \alpha_1\beta_1, u, v)=0$$

dove $\Phi(\xi_1, \xi_2, \xi_3, u,v)$, $\Psi(\xi_1, \xi_2, \xi_3, u,v)$ son date
funzioni di cinque variabili sottoposte alla condizione che il
rango della matrice

$$
\begin{pmatrix}
\dfrac{\partial \Phi}{\partial \xi_1} & \dfrac{\partial \Phi}{\partial \xi_2} & \dfrac{\partial \Phi}{\partial \xi_3} \\[2ex]
\dfrac{\partial \Psi}{\partial \xi_1} & \dfrac{\partial \Psi}{\partial \xi_2} & \dfrac{\partial \Psi}{\partial \xi_3}
\end{pmatrix}
$$

è uguale a 2 anche per $\Phi = \Psi = 0$. Dobbiamo integrare il sistema di Pfaff $(8)+(17)+(07)$ sotto la condizione (68) da cui si ricavano per differenziazione due equazioni della forma

$$
h_1\, d\,(\alpha_2\alpha_2) + h_2\, d\,(\beta_1\beta_2) + h_3\, d\,(\alpha_1\beta_1) + h_4\, d\,u + h_5\, d\,v = 0,
$$

$$
(69)
$$

$$
k_1\, d\,(\alpha_1\alpha_2) + k_2\, d\,(\beta_1\beta_2) + k_3\, d\,(\alpha_1\beta_1) + k_4\, d\,u + k_5\, d\,v = 0,
$$

dove h_i, k_i son funzioni conosciute di 5 variabili $\alpha_1\,\alpha_2$, $\beta_1\,\beta_2$, $\alpha_1\,\beta_1$, u,v tali che il rango della matrice

$$
\begin{pmatrix}
h_1 & h_2 & h_3 \\
k_1 & k_2 & k_3
\end{pmatrix}
$$

è uguale a 2 anche se valgono le (68). La differenziazione esteriore del nostro sistema di Pfaff dà le relazioni

$$
(70) \qquad [\omega_{11} - \omega_{33}\, d\,v] = 0, \qquad [\omega_{22} - \omega_{44}\, d\,u] = 0
$$

e le relazioni (17), in cui le quantità α_1, α_2, β_1, β_2 e i loro differenziali sono legati dalle (68) e (69). Ponendo

$$
D\alpha_1 = d\alpha_1 + \alpha_1(\omega_{22} - \omega_{11}) \qquad D\alpha_2 = d\alpha_2 - \alpha_2(\omega_{22} - \omega_{11}),
$$

$$
D\beta_1 = d\beta_1 - \beta_1(\omega_{22} - \omega_{11}), \qquad D\beta_2 = d\beta_2 + \beta_2(\omega_{22} - \omega_{11}),
$$

le equazioni (69) assumono la forma

$$h_1(\alpha_1 D\alpha_2 + \alpha_2 D\alpha_1) + h_2(\beta_1 D\beta_2 + \beta_2 D\beta_1) + h_3(\alpha_1 D\beta_1 + \beta_1 D\alpha_1) + h_4\, du + h_5\, dv = 0,$$

$$k_1(\alpha_1 D\alpha_2 + \alpha_2 D\alpha_1) + k_2(\beta_1 D\beta_2 + \beta_2 D\beta_1) + k_3(\alpha_1 D\beta_1 + \beta_1 D\alpha_1) + k_4\, du + k_5\, dv = 0,$$

e le (17) la forma

$$[\omega_{32}\,\omega_1] + [D\alpha_1\,\omega_2] = 0, \quad [D\alpha_2\,\omega_1] + [\omega_{41}\,\omega_2] = 0,$$

$$[\omega_{41}\,\omega_1] - [D\beta_1 - \beta_1(\omega_{11} - \omega_{33})\,\omega_2] = 0, \quad [D\beta_2 - \beta_2(\omega_{22} - \omega_{44})\,\omega_1] - [\omega_{32}\,\omega_2] = 0$$

Siccome il determinante

$$\begin{vmatrix} \omega_1 & 0 & 0 & -\omega_2 & 0 & 0 \\ 0 & \omega_2 & -\omega_1 & 0 & 0 & 0 \\ \omega_2 & 0 & 0 & 0 & h_1\alpha_1 + h_3\beta_1 & k_1\alpha_1 + k_3\beta_1 \\ 0 & \omega_1 & 0 & 0 & h_1\alpha_1 & k_1\alpha_1 \\ 0 & 0 & \omega_2 & 0 & h_2\beta_2 + h_3\alpha_1 & k_2\beta_2 + k_3\alpha_1 \\ 0 & 0 & 0 & \omega_1 & h_2\beta_1 & k_2\beta_1 \end{vmatrix} =$$

$$= (h_3 k_1 - h_1 k_3)(\alpha_1\beta_2\alpha_1^2 - \alpha_2\beta_2\alpha_1^2) - (h_2 k_3 - h_3 k_2)\beta_2\beta_1\alpha_1^2 + (k_1 k_1 - h_1 k_3)(h_3\beta_1\alpha_1^2 - \alpha_1 q_1\alpha_1^2)\omega_1^2$$

non è uguale a zero identicamente in ω_1, ω_2, il sistema di
Pfaff considerato è in involuzione con soluzioni dipendenti da
sei funzioni arbitrarie di una variabile.

   Gli invarianti di contatto j_1, j_2, j_1^*, j_2^* dipendono dalla scelta di $\wp$, ma le loro combinazioni

(71) $j_1 j_2, \quad j_1 j_1^*, \quad j_2 j_2^*$

ne sono indipendenti ed il nostro risultato si può enunciare
dicendo che, data la congruenza $\mathcal{L}$, se per ogni sua retta g son
prescritte due relazioni fra le (71) (in modo che può dipendere dalla retta g), allora le trasformazioni sviluppabili T sod-

disfacenti le relazioni prescritte esistono e dipendono da sei funzioni arbitrarie di una variabile.

Vi sono casi particolari notevoli del teorema generale ottenuto. Se domandiamo che esista un valore di ρ^2 che soddisfi tre relazioni scelte fra le (53), otteniamo tali deformazioni puntuali o planari della congruenza $\mathcal{L}$ che determinano una trasformazione asintotica di una superficie focale; il teorema generale ci insegna che, data $\mathcal{L}$ ad arbitrio, le deformazioni richieste dipendono da sei funzioni di una variabile. Possiamo anche domandare che esista un valore di ρ^2 soddisfacente due fra le (53), ed un altro valore di ρ^2 soddisfacente le rimanenti due. Si ottengono così tre tipi particolari di trasformazioni sviluppabili: (1) tali che sono simultaneamente deformazioni puntuali e planari; (2) tali che sono deformazioni focali simultaneamente di prima e di seconda specie; (3) tali che determinano una trasformazione asintotica di ciascuna delle due superficie focali. Di nuovo, scelta $\mathcal{L}$ ad arbitrio, le deformazioni richieste dipendono da sei funzioni di una variabile.

Ritornando allo studio di una trasformazione sviluppabile T arbitraria, scegliamo ρ^2 o, ciò che è lo stesso, scegliamo le proiettività π (60). Essendo H=H(π) un'omografia tangente (44) appartenente al valore scelto di ρ^2 , esaminiamola in connessione colla trasformazione puntuale T(π) introdotta a pag.15. All'uopo osserviamo che, secondo (12) e (44),

$$
\begin{aligned}
(72) \quad & \rho x_1 A_1' + \rho^{-1} x_2 A_2' = H(x_1 A_1 + x_2 A_2), \\
& d(\rho x_1 A_1' + \rho^{-1} x_2 A_2') = H\,d(x_1 A_1 + x_2 A_2) + \\
& + \left\{ \rho x_1 \left(\frac{d\rho}{\rho} + \tau_{11} - \lambda_1 \omega_1 \right) + x_2 \left(\overline{\rho^{-1} \alpha_2' - \rho \alpha_2 \cdot \omega_1 - \mu_2 \omega_2} \right) \right\} A_1' + \\
& + \left\{ x_1 \left(\overline{-\mu_1 \omega_1 + \rho \alpha_1 - \rho^{-1} \alpha_1 \cdot \omega_2} \right) + \rho^{-1} x_2 \left(-\frac{d\rho}{\rho} + \tau_{22} - \lambda_2 \omega_2 \right) \right\} A_2'.
\end{aligned}
$$

Dalle (72) si deduce facilmente che se il punto

(73) $$X = x_1 A_1 + x_2 A_2$$

descrive nello spazio S_3 una linea qualunque C, cui corrisponde
nello spazio S_3' la linea C' descritta dal punto

(74) $$X' = \pi X = \rho\, x_1\, A'_1 + \rho^{-1} x_2\, A'_2 \, ,$$

allora nel punto X' corrispondente ai valori iniziali di u,v le
tangenti alle due curve C' e HC stanno in un piano che passa
per la retta g' = $\left[A'_1\ A'_2\right]$ e questa è una proprietà caratteristica di quelle omografie tangenti che appartengono al valore scel-
to di ρ^2 . Domandiamoci quand'è che mal punto X' si ha contatto
analitico delle due linee C' e HC. La condizione è

$$\begin{vmatrix} \rho x_1 & \rho x_1\left(\dfrac{d\rho}{\rho}+\tau_{11}-\lambda_1\omega_1\right)+x_2\left(\overline{\rho^{-1}d'_2-\rho d_2\cdot\omega_1}-\mu_2\omega_2\right) \\[2ex] \rho^{-1}x_2 & x_1\left(-\mu_1\omega_1+\overline{\rho d'_1-\rho^{-1}a_1\cdot\omega_2}\right)+\rho^{-1}x_2\left(-\dfrac{d\rho}{\rho}+\tau_{22}-\lambda_2\omega_2\right) \end{vmatrix}=0$$

ossia

$$\rho x_1^2\left(-\mu_1\omega_1+\overline{\rho d'_1-\rho^{-1}a_1\cdot\omega_2}\right)-\rho^{-1}x_2^2\left(\overline{\rho^{-1}d'_2-\rho d_2\cdot\omega_1}-\mu_2\omega_2\right)-$$

(75)
$$-x_1 x_2\left(2\frac{d\rho}{\rho}+\tau_{11}-\tau_{22}-\lambda_1\omega_1+\lambda_2\omega_2\right)=0$$

Se si sceglie $\mu_1= \mu_2=0$ e se si determinano le λ_1, λ_2 dall'e-
quazione

(76)
$$2\frac{d\rho}{\rho}+\tau_{11}-\tau_{22}-\lambda_1\omega_1+\lambda_2\omega_2=0,$$

la (75) assume la forma $\left[v.(56)\ e\ (57)\right]$

(77)
$$(j_1-1)\alpha_1\omega_2 x_1^2-(j_2-1)d_2\omega_1 x_2^2=0$$

Si ottiene così un'omografia tangente ben determinata dalla

scelta di ρ^2 , che indichiamo con K(π). Si ha dunque

$$(78) \qquad K(\pi)\,A_1 = \rho\,A'_1, \qquad\qquad K(\pi)\,A_2 = \rho^{-1}\,A'_2,$$
$$K(\pi)A_3 = \rho\,(A'_3 + \lambda_1\,A'_1), \quad K(\pi)A_4 = \rho^{-1}\,(A'_4 + \lambda_2\,A'_2)$$

con λ_1 , λ_2 soddisfacenti la (76). Proprietà geometriche caratteristiche dell'omografia K(π) sono le seguenti: Per quelle linee C, per cui $\omega_2 = 0$ si ha nel punto (74) contatto analitico del primo ordine fra le curve C' e K(π) C o (se è $j_2 = 1$) sempre oppure (se è $j_2 \neq 1$) se e solo se C passa per A_1 (se cioè $x_2 = 1$); per quelle linee C, per cui $\omega_1 = 0$, si ha nel punto (74) contatto analitico del primo ordine fra le curve C' e K(π)C o (se è $j_1 = 1$) sempre oppure (se è $j_1 \neq 1$) se e solo se C passa per A_2 (se cioè $x_1 = 1$). Nel caso $j_1 j_2 = 1$ di una deformazione puntuale vi è un'unica scelta di ρ^2 per cui $j_1 = j_2 = 1$; l'omografia K (π) corrispondente sia detta puntualmente associata alla deformazione puntuale T e si indichi con K_0. La trasformazione puntuale T(π) corrispondente al valore scelto di ρ^2 (ricordiamo che $\alpha'_1 = \rho^{-1}\alpha_3$, $\alpha'_2 = \rho^2\alpha_1$) è l'inviluppo delle ∞^2 omografie K_0.

La scelta di ρ^2 determina anche le proiettività π^* (61) che generano la trasformazione planare T(π^*) $(S_3^* \to S_3^*)$. Si hanno formole duali alle (72):

$$\rho^{-1}x_1 E'_3 + \rho x_2 E'_4 = H\,(x_1 \dot{E}_3 + x_2 E_4),$$
$$d(\rho^{-1}x_1 E'_3 + \rho x_2 E'_4) = H\,d\,(x_1 E_3 + x_2 E_4) -$$
$$(99)$$
$$-\left\{\rho^{-1}x_1\left(\frac{d\rho}{\rho} + \tau_{33} + \lambda_1\omega_1\right) + x_2\left(\overline{\rho\beta'_2 - \rho^{-1}\beta_2}\,\omega_1 + \mu_1\omega_2\right)\right\} E'_3 -$$
$$-\left\{x_1\left(\overline{\rho^{-1}\beta'_1 - \rho\beta_1}\,\omega_2 + \mu_2\omega_1\right) + \rho x_2\left(-\frac{d\rho}{\rho} + \tau_{44} + \lambda_2\omega_2\right)\right\} E'_4.$$

All'omografia K(π) è duale l'omografia K(π^*):

$$K(\pi^*)A_1 = \rho A'_1, \qquad K(\pi^*)A_2 = \rho^{-1}A'_2,$$

(80)

$$K(\pi^*)A_3 = \rho(A'_3 + \lambda_1^* A'_1), \qquad K(\pi^*)A_4 = \rho^{-1}(A'_4 + \lambda_2^* A'_2)$$

con λ_1^* . λ_2^* soddisfacenti la relazione

(81) $$2\frac{d\rho}{\rho} + \tau_{33} - \tau_{44} + \lambda_1^* \omega_1 - \lambda_2^* \omega_2 = 0,$$

all'equazione (77) è duale la

(82) $$(j_1^* - 1)\beta_1 \omega_2 x_3^2 - (j_2^* - 1)\beta_2 \omega_1 x_2^2 = 0$$

Nel caso $j_1^* j_2^* = 1$ di una deformazione planare vi è un'unica
scelta di ρ^2 per cui $j_1^* = j_2^* = 1$; la $K(\pi^*)$ corrispondente
si dirà <u>planarmente associata</u> alla deformazione planare T e
s'indicherà con K_0^*. La trasformazione planare $T(\pi^*)$ corrispon-
dente al valore scelto da ρ^2 (per cui $\beta'_1 = \rho^2 \beta_1$, $\beta'_2 = \rho^{-2} \beta_2$)
è l'inviluppo delle ∞^2 omografie K_0^*.

Le due omografie $K(\pi)$, $K(\pi^*)$ corrispondenti allo
stesso valore di ρ^2 sono in generale diverse l'una dall'altra.
Esse coincidono se e solo se

(83) $$1\frac{d\rho}{\rho} + \tau_{11} - \tau_{22} + \tau_{33} - \tau_{44} = 0$$

Si calcola facilmente che, perchè la (83) sia completamente
integrabile, occorre e basta

$$\alpha_1 \alpha_2 - \beta_1 \beta_2 = \alpha'_1 \alpha'_2 - \beta'_1 \beta'_2$$

ossia

(84) $$\varphi - \varphi^* = \varphi' - \varphi^{*'}.$$

Se $\mathscr{L}$ è una congruenza W, vale la (84) se e solo se anche la $\mathscr{L}'$ è W. Se (83) è completamente integrabile, essa non determina $\mathscr{P}^2$ che a meno di una costante; la proiettività Π su una retta g di $\mathscr{L}$ può scegliersi ad arbitrio (purchè porti i fuochi A_1, A_2 rispettivamente nei fuochi A_1', A_2'); la (83) determina poi univocamente tutte le proiettività Π .

Con ciò lasciamo le considerazioni frammentarie sulle trasformazioni sviluppabili generali per volgerci allo studio delle deformazioni proiettive. Per ragioni di brevità, continuiamo a limitarci al caso (66) di congruenze del tipo I. E' chiaro che il riferimento (36) può essere specializzato in modo che l'omografia osculatrice (55) abbia l'espressione analitica semplice

$$(85) \qquad H_0 A_1 = A_1', \quad H_0 A_2 = A_2', \quad H_0 A_3 = A_3', \quad H_0 A_4 = A_4'$$

Si ha allora $\big[\text{v.}(52),(53),(54)\big]$ d'una parte

$$\alpha_1' = \alpha_1, \quad \alpha_2' = \alpha_2, \quad \beta_1' = \beta_1, \quad \beta_2' = \beta_2$$

ossia

$$(86) \qquad \tau_{12} = \tau_{21} = \tau_{34} = \tau_{43} = 0,$$

e d'altra

$$(87) \qquad \tau_{11} - \tau_{33} = 0, \quad \tau_{22} - \tau_{44} = 0$$

Differenziando esteriormente otteniamo dalle (86)

$$(88) \qquad \begin{aligned} &[\tau_{32}\,\omega_1] - \alpha_1[\tau_{11} - \tau_{22}\,\omega_2] = 0,\\ &\beta_2[\tau_{11} - \tau_{22}\,\omega_1] + [\tau_{32}\,\omega_2] = 0,\\ &[\tau_{41}\,\omega_1] - \beta_1[\tau_{11} - \tau_{22}\,\omega_2] = 0,\\ &\alpha_2[\tau_{11} - \tau_{22}\,\omega_1] + [\tau_{41}\,\omega_2] = 0 \end{aligned}$$

e dalle (87)

(89) $[\tau_{11}\,\omega_1] = 0, \quad [\tau_{42}\,\omega_2] = 0$

Le (88) permettono di porre

(90) $\tau_{22} - \tau_{11} = c_1\,\omega_1 - c_2\,\omega_2$

Osserviamo che

(91) $[d\,(\tau_{22} - \tau_{11})] = 0,$

sosicchè

(92) $c_1\,\omega_1 - c_2\,\omega_2 = d\,c\;.$

è un differenziale esatto.

    Una deformazione proiettiva è simultaneamente deformazione puntuale e planare; possiamo quindi considerare, oltre l'omografia osculatrice H_0, anche l'omografia puntualmente associata K_0 e l'omografia planarmente associata K_0^* . Le espressioni analitiche di K_0 e K_0^* si ottengono da (76),(78),(80) e (81) ponendo $\rho = 1$ e sono

(93) $K_0 A_1 = A_1', \quad K_0 A_2 = A_2', \quad K_0 A_3 = A_3' - c_1 A_1', \quad K_0 A_4 = A_4' - c_2 A_2',$

(94) $K_0^* A_1 = A_1', \quad K_0^* A_2 = A_2', \quad K_0^* A_3 = A_3' + c_1 A_1', \quad K_0^* A_4 = A_4' + c_2 A_2'..$

Le tre omografie H_0, K_0, K_0^* coincidono sulla punteggiata $[A_1 A_2]$ ma le tre immagini di un punto di S_3 situato fuori $[A_1 A_2]$ sono in generale mutualmente diverse. Se coincidono (due e quindi tutte) le tre omografie H_0, K_0, K_0^* , la deformazione proiettiva

T è _singolare_. La condizione analitica per una deformazione proiettiva singolare è $c_1 = c_2 = 0$ ossia

$$(95) \qquad \tau_{11} - \tau_{22} = 0$$

Se T non è singolare, può darsi nondimeno che anche fuori di $\left[A_1 A_2\right]$ esistono punti, le cui immagini nelle tre omografie H_0, K_0, K_0^* coincidono; la T si dice allora _semisingolare_ e tali punti riempiono necessariamente uno dei due piani focali. La condizione analitica per una deformazione semisingolare è $c_2 = 0$ ossia

$$(96) \qquad \left[\tau_{11} - \tau_{22}\,\omega_1\right] = 0$$

se coincidono le tre immagini dei punti situati nel primo piano focale E_3, e $c_1 = 0$ ossia

$$(97) \qquad \left[\tau_{11} - \tau_{22}\,\omega_2\right] = 0$$

se coincidono quelle dei punti situati nel secondo piano focale E_4.

Si ottengono proprietà geometriche caratteristiche del caso singolare, e semisingolare esaminando le trasformazioni puntuali $A_1 \to A_1'$ e $A_2 \to A_2'$ fra superficie focali che nascono dalla trasformazione rigata T. Osserviamo prima di tutto che dalle (88) e (90) si ricava

$$(98) \qquad \tau_{32} = \beta_2\, c_2\, \omega_1 + \alpha_1\, c_1\, \omega_2, \quad \tau_{41} = \alpha_2\, c_2\, \omega_1 + \beta_1\, c_1\, \omega_2$$

Ora da (87), (90) e (98) segue

$$A_1' = H_0 A_1, \qquad d A_1' = H_0\, d A_1,$$

$$(99)$$

$$d^2 A_1' = H_0 d^2 A_1 + 2\,\tau_{11}\, d A_1' + \left(\beta_2 c_1 \omega_1^2 + 2\alpha_1 c_1 \omega_1 \omega_2 - \alpha_1 c_2 \omega_2^2\right) A_2' + (\cdot)\, A_1',$$

$$A'_2 = H_0 A_2, \qquad d A'_2 = H_0 d A_2,$$

(100)
$$d^2 A'_2 = H_0 d^2 A_2 + 2\,\gamma_{2\ell}\, d A'_2 + (-\alpha_2 c_1 \omega_1^2 + 2\alpha_2 c_2 \omega_1 \omega_2 + \beta_1 c_1 \omega_2^2) A'_1 + (\cdot) A'_2 .$$

Nel caso della deformazione proiettiva T singolare l'omografia H_0 osculatrice per T è osculatrice anche per le corrispondenze puntuali $A_1 \to A'_1$, $A_2 \to A'_2$, sicchè la deformazione proiettiva singolare di una congruenza non parabolica $\mathcal{L}$ determina una deformazione proiettiva di ambedue superficie focali. Viceversa, se la deformazione proiettiva T della congruenza $\mathcal{L}$ determina una deformazione proiettiva di almeno una superficie focale di $\mathcal{L}$, allora T è necessariamente singolare. Eccettuato il caso singolare, l'omografia H_0 è soltanto <u>tangente</u> alle corrispondenze puntuali $A_1 \to A'_1$ e $A_2 \to A'_2$ e su ciascuna delle due superficie focali vi sono due direzioni <u>caratteristiche</u> nel senso che H_0 è osculatrice rispetto a $A_1 \to A'_1$ per quelle curve tracciate su (A_1) $\left[su(A_2)\right]$ che toccano in A_1 (in A_2) una direzione caratteristica. Le direzioni caratteristiche su (A_1) sono

(101)
$$\beta_2 c_2 \omega_1^2 + 2\alpha_1 c_1 \omega_1 \omega_2 - \alpha_1 c_2 \omega_2^2 = 0$$

e su (A_2)

(102)
$$-\alpha_2 c_2 \omega_1^2 + 2\alpha_2 c_2 \omega_1 \omega_2 + \beta_1 c_1 \omega_2^2 = 0$$

Ricordando che le direzioni (27) sono asintotiche sulla superficie focali, si riconosce subito che su ognuna delle due superficie focali le direzioni caratteristiche son coniugate. Si vede pure che nel caso semisingolare (96) su (A_1) le due direzioni $\omega_1 = 0$ e $\omega_2 = 0$ son caratteristiche; mentre su (A_2) le direzioni $\omega_1 = 0$ e $\omega_2 = 0$ separano armonicamente le direzioni caratteristiche; similmente si dica pel caso semisingolare (97).

E' ben noto che le deformazioni proiettive singolari di congruenze non paraboliche dipendono da sei funzioni arbitrarie di una variabile ; a pag.   si vedrà che questo risultato si può riguardare come caso particolare del teorema generale enunciato a pag.21. Per determinare la generalità delle deformazioni proiettive semisingolari, basta esaminare il caso (96). Si vede facilmente che una scelta conveniente del sistema di riferimento (2) permette di supporre $\alpha_1 = \beta_1 = c_1 = 1$, mentre $c_2 = 0$. Si deve allora esaminare il sistema di Pfaff

$$\omega_{14}=\omega_{23}=0,\ \omega_{12}=\omega_2,\ \omega_{43}=\omega_2,\ \omega_{21}=\alpha_2\,\omega_1,\ \omega_{34}=\beta_2\,\omega_1,$$

$$\tau_{14}=\tau_{23}=\tau_{13}=\tau_{24}=\tau_{12}=\tau_{21}=\tau_{34}=\tau_{43}=\tau_{11}-\tau_{33}=\tau_{22}-\tau_{44}=0,$$

(103)

$$\tau_{22}-\tau_{11}=\omega_1,\quad \tau_{32}=\omega_2,\quad \tau_{41}=\omega_2.$$

La differenziazione esteriore fornisce le relazioni

$$[\omega_{22}\,\omega_1]-[\omega_{11}-2\,\omega_{22}+\omega_{44}\,\omega_2]=0,$$
$$[\omega_{41}\,\omega_1]-[\omega_{22}+\omega_{33}-2\,\omega_{44}\,\omega_2]=0,$$
$$[d\alpha_2+\alpha_2\,(2\,\omega_{11}-\omega_{22}-\omega_{33})\,\omega_1]+[\omega_{41}\,\omega_2]=0,$$
$$[d\beta_2+\beta_2\,(\omega_{11}-2\,\omega_{33}+\omega_{44})\,\omega_1]-[\omega_{32}\,\omega_2]=0,$$
$$[\tau_{31}\,\omega_1]=0,\ [\tau_{42}\,\omega_2]=0,\ [\omega_{11}-\omega_{33}\,\omega_1]=0,$$
$$[\beta_2\,\tau_{42}-\omega_{32}\,\omega_1]-[\tau_{31}-2\,\omega_{22}+\omega_{33}+\omega_{44}-\omega_1\,\omega_2]=0,$$
$$[\alpha_2\,\tau_{41}-\omega_{41}\,\omega_1]-[\tau_{31}+\omega_{11}+\omega_{22}-2\,\omega_{44}-\omega_1\,\omega_2]=0.$$

Il sistema (103) è in involuzione ed arrviamo al risultato <u>che le deformazioni proiettive semisingolari di congruenze non paraboliche esistono e dipendono da nove funzioni arbitrarie di una variabile.</u>

Essendo T una deformazione proiettiva arbitraria della congruenza non parabolica $\mathcal{L}$, consideriamo la trasformazione puntuale $T(\pi)$ $(S_3 \rightarrow S_3')$ dove $\pi A_1 = A_1'$, $\pi A_2 = A_2'$ d'accordo con (85). Avendosi attualmente $\alpha_1 = \alpha_1'$, $\alpha_2 = \alpha_2'$, $\beta_1 = \beta_1'$ $\beta_2 = \beta_2'$, $\rho = 1$, la (65) assume, tenendo conto di (87), la forma semplice

$$\tau_{11} - \tau_{22} = 0 .$$

Ricordando il significato della (65) otteniamo in primo luogo il risultato noto che se T è singolare, la corrispondenza puntuale $T(\pi)$ è __totalmente asintotica__ nel senso che per una qualunque rigata sghemba R contenuta in $\mathcal{L}$, la corrispondenza R $\rightarrow$ R' subordinata a $T(\pi)$ è asintotica. Se invece la deformazione proiettiva T non è nè singolare nè semisingolare, allora si vede che

(104)   c =   cost.

$\left[\text{v.(92)}\right]$ è una decomposizione di $\mathcal{L}$ in una famiglia ∞^1 di rigate sghembe che chiamiamo __decomposizione asintotica__ di $\mathcal{L}$ (relativa alla deformazione proiettiva T) perchè tutte le superficie rigate della decomposizione son trasformate asintoticamente dalla $T(\pi)$, il che non è più vero per le altre rigate sghembe contenute in $\mathcal{L}$.

Se T è singolare, la decomposizione asintotica di $\mathcal{L}$ diventa indeterminata. Se invece T è semisingolare, allora (104) è una decomposizione di $\mathcal{L}$ in ∞^1 rigate __sviluppabili__ che continuiamo a chiamare decomposizione asintotica, ma l'interpretazione geometrica data sopra non vale più ed occorre cercarne un'altra. All'uopo ricordiamo il concetto della deformazione proiettiva di una superficie σ . Se $D(\sigma \rightarrow \sigma')$ è una tale deformazione e se A è un punto scelto comunque su σ , allora per

definizione esistono omografie H osculatrici (in infinità ∞^1)
che realizzano contatto analitico del secondo ordine fra σ e σ',
in altre parole, tali che le immagini di punti di σ infinitamente vicini ad A rispettivamente per D e per H differiscono
l'una dall'altra solo per quantità infinitesime del terzo ordine. Ora se σ non è sviluppabile, allora le H posseggono anche
la proprietà duale P che dice che le immagini di piani tangenti a σ nei punti infinitamente vicini ad A rispettivamente
per D e per H differiscono l'una dall'altra solo per quantità
infinitesime del terzo ordine. Se invece σ è sviluppabile,
allora la proprietà P non vale in generale per nessuna delle
∞^1 omografie H; ma se (in un punto generico A di σ) la proprietà P vale per una delle ∞^1 H, essa vale per tutte. Sia
adesso T($\mathscr{L} \longrightarrow \mathscr{L}'$) una deformazione proiettiva qualunque
e sia R una rigata sviluppabile contenuta in $\mathscr{L}$. Allora la
trasformazione di R subordinata alla trasformazione puntuale
T(π) di S_3 è sempre una deformazione proiettiva, ma essa
possiede la proprietà P   se e solo se R fa parte della decomposizione asintotica di $\mathscr{L}$; T è allora semisingolare. (Se T
è singolare, la proprietà P vale per ambedue i sistemi di sviluppabili contenute in $\mathscr{L}$).

,   La decomposizione (104) di $\mathscr{L}$ si può anche interpretare
senza far uso delle asintotiche di rigate contenute in $\mathscr{L}$.
Basta considerare la decomposizione corrispondente di una delle
due superficie focali, sia (A_1), in ∞^1 curve. Infatti si vede subito che la tangente, in un punto qualunque A_1 di (A_1), alla curva di decomposizione che vi passa, è la coniugata armonica di $\left[A_1 A_2\right]$ rispetto alla coppia (101) di tangenti caratteristiche di (A_1).

     Abbiamo già occasionalmente considerato, insieme collo
spazio S_3, anche lo spazio duale S_3^* i cui punti sono i piani
di S_3. Una retta g di S_3 consideriamo come un'insieme di punti;

ad ogni retta g di S_3 corrisponde allora una retta ben determina

ta g^* di S_3^* che chiamiamo _dualizzazione_ della retta g; g^* è

quindi il fascio di piani di S_3 passanti per g. Data una congruen

za $\mathscr{L}$ di S_3, se sostituiamo ogni retta g di $\mathscr{L}$ per la sua

dualizzazione g^* , otteniamo una congruenza $\mathscr{L}^*$ di S_3^* . Il pas-

saggio $g \longrightarrow g^*$ considerato come relazione biunivoca fra $\mathscr{L}$ ed

$\mathscr{L}^*$ sia detto _dualizzazione_ della congruenza $\mathscr{L}$. La dualizza-

zione di una congruenza $\mathscr{L}$ è un caso particolare notevole di

trasformazione sviluppabile. Per studiarla, possiamo porre

$$(105) \quad A_1' = E_3, \quad A_2' = -E_4, \quad A_3' = -E_1, \quad A_4' = E_2$$

dopodichè

$$\omega_1' = \omega_1 \ , \ \omega_2' = \omega_2 \ , \ \alpha_1' = \beta_1 \ , \ \alpha_2' = \beta_2, \ \beta_1' = \alpha_3 \ , \ \beta_2' = \alpha_2 \ ,$$

$$(106) \quad \tau_{13} = \tau_{24} = \tau_{14} = \tau_{23} = 0,$$

$$\omega_{11}' = -\omega_{33} \ , \ \omega_{22}' = -\omega_{44} \ , \ \omega_{33}' = -\omega_{11} \ , \ \omega_{44}' = -\omega_{22},$$

$$\tau_{11} - \tau_{33} = 0 \ , \quad \tau_{22} - \tau_{44} = 0.$$

Ci limiteremo al caso particolarmente interessante di congruenze

W la cui dualizzazione è una deformazione proiettiva. Si ha

$\alpha_1 \alpha_2 = \beta_1 \beta_2$ e il riferimento (2) può specializzarsi in mo-

do da avere

$$(107) \qquad \alpha_1 = \beta_1 \ ; \quad \alpha_2 = \beta_2$$

ossia

$$(108) \qquad \omega_{12} = \omega_{43} \ , \quad \omega_{21} = \omega_{34}$$

Ormai si ha

$$(109) \qquad \tau_{12} = \tau_{21} = \tau_{43} = \tau_{34} = 0,$$

cioè son soddisfatte le (86) e (97), sicchè l'omografia oscula-

trice relativa alla dualizzazione ha la forma semplice (85) ov-

vero, visto (105), la forma

$$H_0 A_1 = E_3, \quad H_0 A_2 = -E_4 \ , \quad H_0 E_3 = -E_1, \quad H_0 A_4 = E_2 \ ;$$

H_o è dunque la polarità rispetto al complesso lineare osculatore Ω_o :

(110)
$$\overline{[A_1 A_3]} - \overline{[A_2 A_4]} .$$

Dalle (106) si ha $c_{22} - c_{11} = \omega_{11} - \omega_{22} + \omega_{33} - \omega_{44}$, sicchè
la dualizzazione della congruenza W, pensata come una deforma-
zione proiettiva, è singolare se $\omega_{11} - \omega_{22} + \omega_{33} - \omega_{44} = 0$ ed è
semisingolare se $[\omega_{11} - \omega_{22} + \omega_{33} - \omega_{44} \cdot \omega_1] = 0$ oppure $[\omega_{11} - \omega_{22} + \omega_{33} - \omega_{44} \, \omega_2] = 0$. Ora dalle (16) si ha

(111) $\quad d\left([A_1 A_3] - [A_2 A_4]\right) = \left(\omega_{41} + \omega_{32}\right)[A_1 A_2] +$
$$+ \left(\omega_{11} + \omega_{33}\right)[A_1 A_3] - \left(\omega_{22} - \omega_{44}\right)[A_2 A_4]$$

e differenziando esteriormente le (108) si ottiene

$$\alpha_1 \left[\omega_{11} - \omega_{22} + \omega_{33} - \omega_{44} \, \omega_2\right] - \left[\omega_{41} + \omega_{32} \, \omega_1\right] = 0 ,$$

$$\alpha_2 \left[\omega_{11} - \omega_{22} + \omega_{33} - \omega_{44} \, \omega_1\right] + \left[\omega_{41} + \omega_{32} \, \omega_2\right] = 0 .$$

Risulta che nel caso $\omega_{11} - \omega_{22} + \omega_{33} - \omega_{44} = 0$ si ha anche
$\omega_{41} + \omega_{32} = 0$ ed il complesso Ω_o è fisso. Quindi la dualizzazione di una congruenza W $\mathcal{L}$ non può essere una deformazione proiettiva singolare che se $\mathcal{L}$ sta in un complesso lineare Ω_o fisso;
la deformazione è allora una semplice omografia.

La specializzazione (107), che dice che il complesso lineare osculatore Ω_o ha la forma (110), può completarsi colla
spesializzazione

$$\alpha_1 + \beta_2 = 0 , \quad \alpha_2 + \beta_1 = 0 ,$$

che dice che le asintotiche sulle superficie focali son date
dall'equazione

E.Cech

(112)
$$\omega_1^3 - \omega_2^2 = 0$$

Si trova facilmente che una nuova specializzazione permette di porre $\alpha_4 = 1$ sicchè insomma

(113)
$$\omega_{12} = \omega_2 \;,\; \omega_{21} = -\omega_1,\; \omega_{34} = -\omega_1\;,\; \omega_{43} = \omega_2\;;$$

una specializzazione ulteriore dà ancora

(114)
$$\omega_{11} - \omega_{22} - \omega_{33} + \omega_{44} = 0.$$

Differenziando esteriormente le (113) s'ottengono le (17) dove adesso

(115)
$$\alpha_1 = 1,\; \alpha_2 = -1,\; \beta_1 = 1,\; \beta_2 = -1,$$

sicchè si può porre

(116)
$$\omega_{11} - \omega_{33} = \omega_{22} - \omega_{44} = z_1\,\omega_1 + z_2\,\omega_2\;,$$
$$\omega_{11} - \omega_{22} = \omega_{33} - \omega_{44} = t_1\,\omega_1 + t_2\,\omega_2\;,$$

(117)
$$\omega_{32} = (z_2 - t_2)\,\omega_1 + (z_1 - t_1)\,\omega_2,$$
$$\omega_{41} = -(z_2 + t_2)\,\omega_1 - (z_1 + t_1)\,\omega_2.$$

Dalle (116) e (117) si ottiene per differenziazione esteriore

(118)
$$[\omega_{31}\,\omega_1] - [\omega_{42}\,\omega_2] - 2[\omega_1\,\omega_2] = 0,$$

(119)
$$[dz_1 + \omega_{31}\,\omega_1] + [dz_2 + \omega_{42}\,\omega_2] = 0,$$

(120)
$$[dt_1\,\omega_1] + [dt_2\,\omega_2] + (z_1 t_2 - z_2 t_1)[\omega_1\,\omega_2] = 0,$$

(121)
$$[dt_2\,\omega_1] + [dt_1\,\omega_2] + 3(z_1 t_1 - z_2 t_2)[\omega_1\,\omega_2] = 0,$$

$$(122) \quad \left[dz_2 - \omega_{42}\,\omega_1 \right] + \left[dz_1 - \omega_{31}\,\omega_2 \right] + \left(2z_1^2 + t_1^2 - 2z_2^2 - t_2^2 \right)\left[\omega_1\,\omega_2 \right] = 0.$$

Il riferimento mobile (2) relativo ad una congruenza W è ormai
completamente specializzato (non vi sono più parametri secondari) bensì solo irrazionalmente; al posto di (2) si può ancora
mettere

$$(123) \quad \varepsilon_1 A_1 \ , \ \varepsilon_2 A_2, \quad \frac{\varepsilon_1^2}{\varepsilon_2}\, A_3, \quad \frac{\varepsilon_2^2}{\varepsilon_1}\, A_4 \ ,$$

dove

$$(124) \quad \varepsilon_1^2 = \varepsilon_2^2 = \pm 1 \ .$$

Giova notare le formole

$$(125) \quad \left[d\,\omega_1 \right] = - z_2 \left[\omega_1\,\omega_2 \right], \quad \left[d\,\omega_2 \right] = z_1 \left[\omega_1\,\omega_2 \right]$$

ed osservare che

$$(126) \quad \left[d\left(t_1\,\omega_1 + t_2\,\omega_2 \right) \right] = 0 \ ,$$

che cioè $t_1\omega_1 + t_2\omega_2$ è un differenziale esatto. L'equazione
$t_1\omega_1 + t_2\omega_2 = 0$ definisce la decomposizione asintotica di $\mathscr{L}$ relativa alla dualizzazione. E' $t_1 = t_2 = 0$ per congruenze appartenenti ad un complesso lineare fisso.

Condizione perchè la dualizzazione di $\mathscr{L}$ sia semisingolare
(ma non singolare) è che sia

$$(127) \quad t_2 = 0 \neq t_1$$

oppure $t_2 \neq 0 = t_1$, le due possibilità differendo solo nell'orientazione di $\mathscr{L}$. Sia dunque (127). Allora le (120) e (121) dànno

$$(128) \quad dt_1 + t_1 \left(3z_1\,\omega_1 + z_2\,\omega_2 \right) = 0$$

donde risulta per differenziazione esteriore

$$(129) \quad 3\left[d z_1\, \omega_1\right] + \left[d \dot{z}_2\, \omega_2\right] - 2 z_1 z_2 \left[\omega_1\, \omega_2\right] = 0$$

Il sistema di Pfaff $(8)+(113)+(116)+(117)+(128)$ ha nell'ipotesi (127) condizioni d'integrabilità $(118)+(119)+(122)+(129)$, nelle quali compiano oltre ω_1, ω_2 quattro forme $dz_1, dz_2, \omega_{31}, \omega_{42}$ con determinante

$$\begin{vmatrix} 0 & \omega_1 & \omega_2 & 3\omega_1 \\ 0 & \omega_2 & \omega_1 & \omega_2 \\ \omega_1 & \omega_1 & -\omega_2 & 0 \\ -\omega_2 & \omega_2 & -\omega_1 & 0 \end{vmatrix} = -8\omega_1^3 \omega_2 \neq 0.$$

Quindi le congruenze W con dualizzazioni semisingolari (ma non singolari) dipendono da quattro funzioni arbitrarie di una variabile.

Una classe notevolissima di congruenze W si ottiene supponendo che la decomposizione asintotica relativa alla dualizzazione corrisponda ad una famiglia d'asintotiche delle superficie focali. Per brevità chiamiamo congruenze W con dualizzazione asintotica le congruenze testè introdotte. La decomposizione asintotica è espressa o da $\omega_1 + \omega_2 = 0$ o da $\omega_1 - \omega_2 = 0$ e si ha nel primo caso

$$(130) \quad\quad t_1 = t_2$$

e nel secondo

$$(131) \quad\quad t_1 = - t_2$$

con $t_1 \neq 0$; i due casi non differiscono che formalmente l'uno dall'altro.

Nell'ipotesi (130) (con $t_1 \neq 0$) si deduce dalle (120) e (121) che

(132)
$$z_1 = z_2$$

ed inoltre

(133)
$$\left[\overline{d\,t_1 \quad \omega_1 + \omega_2}\right] = 0$$

Il sistema di Pfaff (8)+(113)+(116)+(117) ha nelle ipotesi
(130) e (132), se $t_1 \neq 0$, le condizioni d'integrabilità (118)+(11**9**)+
+(122)+(123) nelle quali compaiono oltre ω_1, ω_2 quattro forme
dz_1, dt_1, ω_{31}, ω_{42} con determinante

$$\begin{vmatrix} 0 & \omega_1 + \omega_2 & \omega_1 + \omega_2 & 0 \\ 0 & 0 & 0 & \omega_1 + \omega_2 \\ \omega_1 & \omega_1 & -\omega_2 & 0 \\ -\omega_2 & \omega_2 & -\omega_1 & 0 \end{vmatrix} = \left(\omega_1 + \omega_2\right)^3 \neq 0,$$

sicchè le congruenze W con dualizzazione asintotica dipendono da
quattro funzioni arbitrarie di una variabile. Si prova facilmente che gli elementi lineari proiettivi delle congruenze W con
dualizzazione asintotica dipendono da tre funzioni arbitrarie
di una variabile sicchè ogni congruenza W con dualizzazione asintotica ammette deformazioni dipendenti da una funzione arbitraria di una variabile. Si dimostra pure che, se la congruenza del
tipo esaminato non è R, allora le forme ω_{31}, ω_{42} sono univocamente determinate dall'elemento lineare proiettivo, mentre la
quantità t_1 resta arbitraria eccetto che essa deve essere costante lungo le asintotiche $\omega_1 + \omega_2 = 0$. Per le congruenze R a dualizzazione è possibile indicare formole esplicite:

$$\omega_1 = f\,dv, \qquad \omega_2 = f\,du$$

(134)
$$z_1 = z_2 = \frac{f'}{f^2}, \qquad t_1 = t_2 = g$$

$$\omega_{31} = \frac{c}{f}\,dv - f(du - 2dv), \qquad \omega_{42} = \frac{c}{f}\,du - f(2du + dv),$$

dove f$\neq$0 e g sono funzioni arbitrarie della sola $u+v$ e c è una costante arbitraria.

Le congruenze W con dualizzazione asintotica appaino, come s'è visto testè, nella ricerca importante di congruenze che ammettono "molte" deformate proiettive. Però noi qui non proseguiremo tale ricerca. Un altro problema importante di cui però non ho ancora finito lo studio è quello delle congruenze che ammettono un gruppo continuo di deformazioni proiettive in sè. Mi limito qui ad indicare che per congruenze del tipo I tale gruppo ha al più due parametri e che, se è così, l'elemento lineare proiettivo ha (in parametri sviluppabili u ,v convenientemente scelti) una delle tre forme

$$\varphi = c_1\, du\, dv \;,\; \varphi^* = c_2\, du\, dv \;,\; \overline{F}_1 = c_3\, \frac{du^3}{dv} \;,\; F_2 = c_4\, \frac{dv^3}{du} \;,$$

$$\varphi = \frac{c_1}{u^2}\, du\, dv \;,\; \varphi^* = \frac{c_2}{u^2}\, du\, dv \;,\; F_1 = \frac{c_3}{u^2}\, \frac{du^3}{dv} \;,\; F_2 = \frac{c_4}{u^2}\, \frac{dv^3}{du} \;,$$

$$\varphi = \frac{c_1}{(u+v)^2}\, du\, dv \;,\; \varphi^* = \frac{c_2}{(u+v)^3}\, du\, dv \;,\; F_1 = \frac{c_3}{(u+v)^3}\, \frac{du^3}{dv} \;,\; \overline{F}_2 = \frac{c_4}{(u+v)^3}\, \frac{dv^3}{du}$$

con c_1, c_2, c_3 , c_4 costanti.

Passiamo alla considerazione di <u>congruenze paraboliche</u>. Qui mi limito ad un breve alenco di risultati relativi alla loro deformazione proiettiva. Come nel caso non parabolico, c'è anche qui il caso di deformazioni proiettive singolari e semisingolari, e si trasporta al caso parabolico anche la nozione di decomposizione asintotica di una congruenza $\mathcal{L}$ relativa ad una sua deformazione proiettiva.

Le congruenze paraboliche possono esser divisi in quattro tipi.

Tipo I di congruenze paraboliche $\mathcal{L}$ con una superficie focale σ . La σ non è sviluppabile ed $\mathcal{L}$ consiste di una famiglia di tangenti asintotiche di σ

Tipo II di congruenze $\mathcal{L}$ con una curva direttrice D non rettilinea; $\mathcal{L}$ consiste di ∞ fasci di rette i cui centri stanno nei punti di D ed il piano del fascio è tangente, ma non osculatore, a D.

Tipo III di congruenze $\mathcal{L}$ con una curva direttrice D con rettilinea nè piana; $\mathcal{L}$ consiste di ∞^1 fasci di rette i cui centri stanno nei punti di D ed i cui piani sono osculatori a D.

Tipo IV di congruenze $\mathcal{L}$ con una retta direttrice D; $\mathcal{L}$ consiste di ∞^1 fasci di rette tali che D appartiene a ciascuno di essi.

Se $\mathcal{L}$ è una congruenza parabolica del tipo I, sia

$$\frac{\beta du^3 + \gamma dv^3}{2\,du\,dv}$$

l'elemento lineare proiettivo della superficie focale σ , sicchè u, v sono parametri asintotici di σ . Supponiamo pure che $\mathcal{L}$ consista delle tangenti alle asintotiche v=cost. di σ ; tali asintotiche quindi non sono rettilinee, sicchè la forma elementare del Bompiani

(135)
$$\frac{\beta\,du^2}{dv}$$

è diversa da zero. Le deformazioni proiettive di $\mathcal{L}$ sono identiche a quelle trasformazioni di $\mathcal{L}$ che sono generate dalle trasformazioni asintotiche C di σ tali che la forma differenziale (135) resta invariante; le C son quindi quelle che nel 1928 chiamai <u>semideformazioni asintotiche</u>. Risulta che ogni $\mathcal{L}$ parabolica del tipo I è proiettivamente deformabile e che le deformazioni proiettive di $\mathcal{L}$ dipendono da cinque funzioni arbitrarie di una variabile. Le deformazioni proiettive singolari di $\mathcal{L}$ son quelle per cui C è una deformazione proiettiva di σ del tipo R_o, la $\mathcal{L}$ essendo la congruenza R_o corrispondente. Ri-

sulta che le congruenze $\mathcal{L}$ proiettivamente deformabili in modo
singolare dipendono da cinque funzioni arbitrarie di una variabile. Si può provare che le congruenze $\mathcal{L}$ proiettivamente deformabili in modo semisingolare dipendono da otto funzioni arbitrarie di una variabile.

Quanto alle congruenze dei tipi I,II,III,IV (con una curva
direttrice D) mi limito qui alle osservazioni seguenti. Anche
queste congruenze son tutte proiettivamente deformabili; c'è
però contro il caso del tipo I la differenza fondamentale che
le omografie osculatrici H non sono più univocamente determinati dalla scelta di una retta g di $\mathcal{L}$. Particolarmente interessanti sono i casi dove H può scegliersi in modo che dipende
solo dal punto d'incontro di g con D, sicchè la stessa H serve
per tutte le rette d'un fascio contenuto in $\mathcal{L}$. Si arriva così
a dei risultati troppo speciali per meritare di esser trattati
in queste conferenze. Ciò nondimeno essi sono importanti, perchè
si tratta di proprietà tutt'altro che banali di striscie ∞^1 di
elementi di contatto (punto + piano) le quali, ne sono sicuro,
troveranno applicazioni interessanti nella geometria proiettiva
di curve tracciate su una superficie di S_3 che è un campo di
ricerche poco sviluppato finora.

Chiudo queste conferenze con tre osservazioni relative
alle ricerche qui non accennate.

Non ho considerato qui che una congruenza $\mathcal{L}$ isolata; vi
sono però risultati interessanti riguardanti la trasformazione
sviluppabile simultanea di due congruenze trasformate di Laplace
l'una dell'altra.

Per classificare le deformazioni proiettive ho fatto uso
esclusivo della decomposizione asintotica. Esiste però una clas-

sificazione affatto diversa basata sulla rappresentazione
delle congruenze mediante superficie sulla quadrica di S_5 che
tratterò altrove.

Mi sono limitato qui a congruenze in S_3, negligendo completamente il ~~vasto~~ campo di ~~generalizzazioni~~ iperspaziali.